日本経済評論社

農業を市場から取りもどす——農地・農産品・種苗・貨幣

目　次

プロローグ　フライカウフ（自由を買う）という発想
――みんなのためになる農業へのてがかり

有機農業をめぐる矛盾

近所のスーパーで有機認証を受けている農産品を見かけることが多くなった。有機農産品を入手すること自体が困難だった一昔前を考えると隔世の感がある。その一方、手軽に入手できる有機農産品には気にかかる点も多い。たとえば、形や大きさが標準外の野菜がどのように扱われているのか、どのような種苗が使われているのか、地元で入手できる有機農産品をわざわざ遠くから運んでこなくてもよいのではないか、農産品の生産を通じて自然環境やコミュニティがプラスの影響を受けているのか、そしてなにより農業従事者がやりがいをもって安定的・持続的に農業を営めているのかといったことである。手軽に入手できる有機農産品は既存の流通システムに適合する範囲での有機農産品であり、そこでは市場の論理からはみ出す部分の有機農産品が切り落とされている。そして、その切り落とされた部分にこそ有機農産品の特性や重要性が詰まっているのではないか。筆者は長い間そう感じてきた。

有機農産品をめぐる言説に「有機農産品は高価である」というものがある。自然食品店やスーパーなどの市場で販売される有機農産品が慣行農業で栽培された農産品よりも高値なのは当然だと思う。しかし、有機農産品の領域に希少性の論理が働いていることには違和感がある。というのも、筆者は一〇年近く無農薬・無化学肥料の地元の旬の野菜を毎週段ボールで届けてもらっており、その段ボールには家族二人では食べきれないほどの新鮮な野菜が入ってくるからである。野菜の代金は、週二〇〇〇～三〇〇〇円ほどである。葉が虫に食われていることがあるのは当たり前で、たまに虫がついていることもあるし、泥のついた間引きされたダイコンやニンジンが入っていることもあるし、さまざまな形や大きさのサトイモやタマネギが入ってくることもある。まっすぐなダイコンはほとんどないし、夏野菜が冬に届くこともない。しかし、野菜の味が濃く香りもすばらしいうえに、旬の時期には大量のトマトやキュウリなどがこれでもかというくらいに届く。スーパーでは見ることはないであろう不揃いな野菜ではあるものの、おいしい有機農産品を安価に入手する方法はある。それゆえ「有機農産品は高価である」という言説は、「市場においては」という限定付きであろうというのが筆者の見解である。なによりも、旬にはおいしい野菜が大量に収穫されるにもかかわらず、また、味の変わらない規格外の野菜が食卓にあげられていないにもかかわらず、「有機農産品は高価である」という言説が当然視されることにはどこかおかしな点があるように思っていた。

　有機農産品をめぐって筆者が考えてきたもう一つの観点は、有機農業従事者が自らの望む農業を安定的・持続的に営んでいけるようになるためには、どのようなことが必要であるかという点だった。農業について学べば学ぶほど、とくに有機農業は社会にとって意義深くやりがいのある仕事だと思うようになった。しかし一方で、有機農業を志す新規就農者の多くが生計を立てることに不安を感じていることもわかってきた。有機農業を志す新規就農者の多くが利潤獲得（私益）以外の目的（たとえば環境保全や良質の農産品の提供などといったような公益）に重きを置いているにもかかわらず、有機農業を続けていくために市場が好む有機農産品を栽培せざるをえないという状況が数多く見られる。そのために自らが大事に考えていることであっても市場で評価されないことには、趣味の範囲で取り組むか、もしくは多大な負担を引き受けて取り組むかのどちらかを選ばざるをえなくなってしまっている。つまり、高い志を有しているほど、実際には理想の農業を営むことは困難だと考えられることが多いようである。

フライカウフとの出会い

利潤を第一に考えなくて済む農業の形はないか、自分たちのためだけではなく他の人々・生物・植物などのためにもなるような農業（本書で言う「みんなのためになる農業」）を実現する手立てはないのかと考えるなかで出会ったのが、フライカウフという発想だった。

フライカウフ（Freikauf（名詞））直訳すれば、「自由を買うこと」）というう耳慣れないドイツ語が本書を貫く視座である。フライカウフの動詞である freikaufen の意味は、小学館の『独和大辞典（第2版）』によると、「〜の自由を買い戻す、金を払って〜を自由の身にする（釈放される）、身請けする」である。

筆者がこの言葉に出会ったのは、前著『新・贈与論』（二〇一七）の執筆中だった。同書（第三章）でも農地を購入するための寄付について触れてはいるものの、フライカウフという言葉は使っておらず、この考え方を深めることもなかった。ドイツの社会的金融機関である「貸すことと贈ることのための共同体」（Gemeinschaft für Leihen und Schenken: GLS）グループについての著書だったこともあるが（ＧＬＳグループについては、本書第一章であらためて触れる）、そのときにはフライカウフという発想の可能性についてまだ理解できていなかった。その後、本書で取り上げられている地域通貨や有機種苗の取り組みを個別にまとめていくなかで、筆者が関心を持つ取り組みの背景には、農地のフライカウフと同様の考え方が流れていることに気づいた。すなわち、「本来市場で商品として扱われることが望ましくないものを市場の影響下から自由にするために資金が投じられる必要がある」という考え方である。フライカウフという言葉をＧＬＳグループ関係者は農地にしか使用していないが、本書では農地のほかに貨幣、農産品、種苗に関する具体的な取り組みをフライカウフという考え方から整理し、あわせてフライカウフという発想の意義を深めていく。

それでは、ＧＬＳグループはどのような文脈でフライカウフに注目したのだろうか。ＧＬＳグループの機関誌である『バンクシュピーゲル』（一九八三年発刊の第三二号）を読むと、農地は単なる命のない生産手段ではないので、売買の対象となるべきではないと記されている。市場で扱われることから「自由」にするために農地を買い取るという意味での使われ方が、ＧＬＳグループによって初めてなされるようになった。

この『バンクシュピーゲル』の記事では、奴隷制との関連でフライカウフが紹介されており、アナロジーとして非常に興味深い。奴隷のために行われたフライカウフは、奴隷解放の世界的な運動につながったという。その運動の基本は、立場や人種にかかわらず人間は商品ではないという人間的な意識であった。今日では、ある人が農地を購入し、それを他の人（農地を実り豊かにさせ時代に応じた社会的形態を発展させていきたい人）に利用させるというのはおかしなことのように思われるが、農地は機械のような生命のない生産手段ではなく、生命の領域にあるものだと理解されはじめており、その意識に立ったとき、奴隷と同様に農地も市場で商品として扱われないようになっていくべきであるというのが、ＧＬＳグループが農地のフライカウフに取り組む際に有していた信念であった（GLS Bank et al. 1983: 1）。

奴隷の「自由を買う」

農地のフライカウフの詳細については第二章に譲るとして、ここではGLSグループが触れている奴隷のフライカウフをめぐる議論について整理しておく。

奴隷制は有史以来、さまざまな時代・場所で存在してきた。そのような奴隷制が当然視されていた、たとえば古代ローマ帝国のような社会においては奴隷が解放される方法はほとんどなく、自ら稼いだお金で「自らを購入する」ことが奴隷が自由を得る唯一の方法だった（Hinemeyer 2013: 343）。そのうえ、自身をフライカウフできるのは、教師、作家、医者や職人などの特定の職業に就く奴隷に限られていた（Hinemeyer 2013: 28）。奴隷が自由を得られるのは例外的で、自由を得られた場合でも奴隷制自体は当たり前のように存続した。

奴隷制廃止運動が世界的に高まるのは、ようやく一八世紀後半になってからである。ここでは、アメリカ合衆国での運動の展開に焦点を当てたい。アメリカ合衆国全体で法的に奴隷制が廃止されたのは、合衆国憲法の第一三条修正が承認された一八六五年である。しかし、奴隷制廃止は、南北戦争での北軍の勝利という一瞬だけで成されたわけではないし、リンカーンという一人の人間の行いによるものでもなく、多くの人々が関わった一世紀近くにわたるプロセスを通じて実現された（バーリン 二〇二二、一四頁）。

奴隷制廃止運動が本格化するきっかけの一つは、一七七六年のアメリカ独立宣言によって平等思想が正当化されたことである。独立宣言では身分などによる序列ではなく平等をすべての社会の礎とすべきとする原則が基準とされており、この原則に奴隷制は明らかに違反していた（バーリン 二〇二二、六一～六二頁）。もう一つのきっかけが、教会内外での強い反対に直面しながらも、神の前における万人の平等という思想をアメリカ独立宣言前から実践していたキリスト教クェーカー派の取り組みであった（山形 一九七一、一八七頁）。

このクェーカー派の取り組みというのが、奴隷所有者から奴隷を購入し、その奴隷に自由を与えるというもの、つまり本書でいうフライカウフであった。たとえばノースカロライナ州のクェーカー派は、一八世紀中頃から一八三〇年までにおよそ一万三〇〇〇ドルを充て六〇〇人以上の奴隷を解放した（ただし、解放された奴隷の多くは老人や病人であった）。奴隷が所有者の財産だとみなされている社会において平和的に奴隷を解放する唯一の方法がフライカウフであったが、この取り組み自体が奴隷制に即時的・直接的に痛手を負わせることはなかった（Kellow 2007: 201）。

アメリカ合衆国での奴隷制廃止は、一七八〇年にペンシルベニア州で可決された奴隷制廃止法によって初めて実現された。奴隷制廃止法には、出生後方式が定められていた。すなわち、この法律が施行される以前に生まれた奴隷については奴隷主が所有権を保持することになっていたが、施行後に奴隷身分の母親の下に生まれた子どもについては母親の所有者に二八年間奉公すれば自由身分になれることになった。州ごとに細かい規定は異なったし、ニュージャージー州では一八〇四年まで奴隷制廃止法は制定されなかったが、最終的にはいずれの州でも出生後方式が採用された。この方式は、人間が動産であることを認め、自由身分を売買できるものとし、自由身分を購入する負担を奴隷自身に転嫁する（早期解放の交渉の際など）という面もあった。しかし一方で、奴隷の供給源となっていたアメリカ合衆国生まれの奴隷の自然増を断ち切ったという画期的な面も有していた。その結果、奴隷制はアメリカ合衆国のすみずみにまで浸透した制度としては持続しないだろうと考えられるようになった。最終的に奴隷解放が実現されるという見通しは、奴隷所有者と奴隷が将来に対して抱く期待を大きく変えたのである（バーリン 二〇二一、七九〜八一頁）。なお、ペンシルベニア州で奴隷制廃止法を実現させた急進派が論拠としていたものの一つが、その時点ですでに数十年にも及んでいたクェーカー派による奴隷制廃止を目指した取り組みであった（バーリン 二〇二一、七八頁）。

奴隷制廃止法の制定後、奴隷解放の可能性に譲歩するよりもそれに反対する方向へ態度を硬化させた奴隷所有者の方が多かった。にもかかわらず、奴隷制廃止法の制定は、奴隷制を蝕んだ。たとえば次第に増加した自己略奪（奴隷主からの逃亡）もその一つである。一八三〇〜六〇年の間、年間一〇〇〇〜五〇〇〇人の割合で奴隷は逃亡したという。多岐にわたる奴隷制からの脱出によって自由黒人人口は増えつづけ、その数は一八六〇年にはアメリカ合衆国全体で五〇万人以上となった（とはいえ一九世紀半ばまでに隷属の身にあった黒人は四〇〇万人近くに達していた）（バーリン 二〇二二、二〇頁）。そして一八六一年に南北戦争が勃発すると、奴隷は主に北軍側に群をなして逃亡するようになった。かつては誰もが疑いの余地がないと考えていた社会体制は揺らぎ、他方、黒人は自らを解放し、奴隷が存在しない世界を創りだせると確信するようになった（バーリン 二〇二二、二二頁）。こうして、アメリカ合衆国は一八六五年を迎えたのである。以上、アメリカ合衆国での奴隷制廃止運動について述べてきたが、ここではクェーカー派などによる奴隷のフライカウフが、奴隷制を蝕むきっかけになったことを確認しておきたい。

さて、アメリカ合衆国での奴隷制廃止運動期において、奴隷のフライカウフに関してどのような議論がなされていたのだろうか。アメリカ合衆国では植民地時代の初期から奴隷が奴隷主にお金を払って自由を獲得するということが行われていた。前述のクェーカー派は、自身の信仰に沿わない奴隷制に反対するために奴隷のフライカウフに取り組んだが、そこでは奴隷の利益とともに奴隷所有者の利益も考慮されていた（Kellow 2007: 201）。平和的に奴隷を解放するための手段としてフライカウフが捉えられており、奴隷を所有者から購入するという行為自体は否定的に考えられていなかった。

しかし、アメリカ独立戦争から南北戦争の間の時期に、奴隷のフライカウフが問題視されるようになった。すなわち、奴隷制廃止論者を中心に、人間の自由に対して価格を付与する奴隷所有者の権利が否定的に見られるようになっていった（Kellow 2007: 200）。奴隷制の基盤が揺らいでいくにつれてこの傾向は徐々に強まっていき、一八三〇年以降には、奴隷の所有は本来的に不正なので奴隷主は奴隷解放にあたって補償を受ける権利を有さないという見解や、人間の身体や魂に対してお金を払うことは必然的に罪であるという見解や、フライカウフのために奴隷を購入することは奴隷市場を刺激し奴隷を新たに供給する誘因となるので誤りでさえあるという見解などが表明されるようになっていく（Kellow 2007: 202-204）。これらは、人間を取り引き可能な財とみなすことに対する非難であった。

他方、このような見解が支配的であったにもかかわらず、即時の奴隷制廃止の可能性が見通せるようになるまで、奴隷廃止論者のなかにも奴隷をフライカウフする人々がいた。その理由は、人間を取り引き可能な財とみなすことは不正であるが、親愛なる者を隷属の身分から救い出す唯一残された方法であるならフライカウフも認められるというものであった（Kellow 2007: 208）。奴隷所有に抗して自己略奪した黒人が後に家族をフライカウフしたという事例が典型であるが、人間を購入することが倫理的に望ましくないと強く意識していたとしてもお金で親愛なる者を救えるのであれば、実際には多くの人々がそのようにしたのであった（Kellow 2007: 211）。

本書の課題

このような奴隷のフライカウフに関する議論を踏まえたうえで、フライカウフの意義をまとめておく。フライカウフ（Buying Freedom）を経済学・歴史学・哲学の視点から多角的に分析した著書の前文でベールズは、「奴隷の自由を買い取ることは奴隷制廃止運動において、他の行動がうまくいかないかもしくは不可能であったときにだけ、一定の役割を果たした。ある意味においてそれはいくらかの悪であったが、最大の悪は奴隷制であった。……当局が手段を講じようとせず、奴隷にされた人々が苦しんでいたり危機にさらされたりしており、さらに自由を買い取ることだけが唯一の利用可能な方法であるという状況下において、フライカウフは唯一の即時の解答であるかもしれない。……重要な基準の一つは、フライカウフが物事を悪化させないであろうときにだけ用いられるべきだというものである。フライカウフは、奴隷に反対する運動全体における一つの手段ではあるが、他に手段がないときに使われる」（Bales 2007: viii）と記している。そして、「フライカウフは、自由を獲得するための最善の方法ではないかもしれないし、最善の方法のひとつでさえないかもしれない。しかし、そのロジック、つまり交換のメカニズムは、その単純さゆえに効果的である」（Bales 2007: xii）と序文を締めくくっている。まとめると、奴隷解放に関していえば、人間を商品として扱う枠組みの延長にあるフライカウフはできるだけ避けるべきもので、最後の手段であるべきだということになる。

奴隷のフライカウフの意義についてややネガティブな議論がなされていたにもかかわらず、GLSグループはフライカウフという発想に可能性を見出した(1)。冒頭で紹介した『バンクシュピーゲル』の内容からそのことは明らかである。一つは、奴隷のフライカウフが奴隷解放の世界的な運動につながったと捉えている点である。クェーカー派などによる奴隷のフライカウフが奴隷制を蝕むきっかけになったことをGLSグループは重視したのである。もう一つは、人間は商品ではないという意識を重視しつつも、奴隷にお金を支払ってでも商品であることから逃れさせることが重要であると考えた点である。GLSグループにとって奴隷のフライカウフは、人間を商品として扱う枠組みの延長にあるのではなく、人間を商品として扱わない枠組みへの移行のきっかけと考えられたと言ってよい。

次章以降では、プロローグで整理したフライカウフの議論を手がかりに、貨幣、農地、農産品、種苗に関する具体的な取り組みをみていく。第四章までの内容を通じて、みんなのためになる農業におけるフライカウフの意義を明らかにし、エピローグでこのことについてまとめたい。奴隷(人間)のフライカウフと農業におけるフライカウフとでは何が異なるのか、農業におけるフライカウフにはどのような独自の可能性があるのか。これらの問いを明らかにするのが本書の最大の課題である。

注

（1）ドイツではフライカウフという言葉は、東ドイツから西ドイツへの政治亡命希望者の身柄を金銭と引き換えに引き受ける際にも使われた。一九六三年から一九八九年までの間で、三万三七五五人の政治亡命希望者の解放と引き換えに三五億マルク以上のお金が支払われた（Rehlinger 1991: 247）。人間にお金を支払うことや東ドイツの「弾圧者たち」と「ビジネス」することには批判もあったが、そのようなモラル上の問題よりも理不尽に人権を侵害されている同胞を救い出すことが優先された（Rehlinger 1991: 20-21）。西ドイツでこの取り引きに関わったレーリンガーは著書の最後で、政治亡命希望者のフライカウフが東ドイツの社会政治情勢に深く作用して一九八九年の変化（東ドイツでの出国の自由化の発表とベルリンの壁の破壊）の基盤となったと記している（Rehlinger 1991: 248）。ＧＬＳグループがこの文脈でのフライカウフの議論を参考にした可能性は否定できないものの、①プロローグで紹介した『バンクシュピーゲル』の発行年が一九八三年でありベルリンの壁が破壊される前であることと、②政治亡命希望者のフライカウフは保釈金的な要素が強く、市場の影響下からの自由に焦点を当てているＧＬＳグループのフライカウフの考え方と隔たりがあることから、ここでは注で紹介するに留めた。

参考文献

Appiah, K. A. & Bunzl, M.（2007）*Buying Freedom*, Princeton University Press.

Bales, K.（2007）Foreword, edited by Appiah, K. A. & Bunzl, M., *Buying Freedom*, Princeton University Press, pp.vii-xii.

GLS Bank et al.（1983）*Bankspiegel*, Heft 32.

Hinemeyer, S. (2013) *Der Freikauf des Sklaven mit eigenem Geld*, Duncker & Humblot.

Kellow, M. (2007) Conflicting Imperatives, edited by Appiah, K. A. & Bunzl, M., *Buying Freedom*, Princeton University Press, pp.200–212.

Rehlinger, L. (1991) *Freikauf*, Ullstein.

バーリン、アイラ（二〇二二）落合明子・白川恵子訳『アメリカの奴隷解放と黒人』明石書店（*The Long Emancipation*, 2015）。

林公則（二〇一七）『新・贈与論』コモンズ。

山形正男（一九七一）「クェーカー教徒と奴隷制反対運動」『アメリカ研究』第五号、一七八～一九六頁。

第一章　貨幣のフライカウフ——キームガウアー

本章で取り上げる貨幣のフライカウフとは、世界中を駆けめぐる金融市場の影響から貨幣を自由にすることを意味している。法定通貨は中央集権的な管理や量的成長を目的に制度設計されており、大企業に有利に働く。一方で、法定通貨は量的緩和政策などを通じて過度の金融経済化を招いており、実体経済を振り回してもいる。このような状況下で、法定通貨を地域通貨に両替すること（法定通貨をフライカウフすること）により地域経済や小規模有機農家に有利な貨幣システムを実現しようとする取り組みが始められた。本章では、キームガウアー（Chiemgauer）という地域通貨の根底に流れる貨幣観を確認したうえで、貨幣のフライカウフの意義と可能性を明らかにしていく。本章をＧＬＳグループに関する記述から始めるのは、キームガウアーとＧＬＳグループの考え方の根底には、同じ貨幣観が流れているからである。

一　フライカウフの根底に流れる貨幣観

農地のフライカウフに取り組むＧＬＳグループとはどのような金融機関なのだろうか。まずはその簡単な紹介から始めたい。ＧＬＳグループは、贈与された資産を扱う信託財団（Treuhand）として一九六一年にドイツで設立された[1]。ＧＬＳグループはルドルフ・シュタイナーの思想（人智学）の影響を受けており[2]、そのこともあって特に初期においては人智学関係の取り組みの支援が中心であった。

経済活動の基本原理は、私個人の利益、すなわち「私益」の追求だと一般的には考えられている。私益に対して、社会全体の利益を「公益」という。貨幣の登場によって分業が進み経済活動が活発になった。それにより社会が物質的に豊かになった一方で、他人や社会を犠牲にしてでも自己利潤の最大化が多くの場合で目指されるようになった。その結果、人間と自然の分断、コミュニティの崩壊、生命の基盤の私有化などが起こり、格差問題や環境問題をはじめとする様々な問題が生じた。そのような状況のなか、自らの資産を社会のために役立たせたいという思いから、社会的金融と呼ばれる実践が生まれた。ＧＬＳグループは、社会的金融機関の先駆的存在とされる金融機関である。公益のための金融という理念に従って、みんなのためになる農業（本書では、以下、「公益事業としての農業」と記す）をGLSグループは設立当初から支援してきた。

金融と小規模有機農業というテーマでは、スローマネー（Slow Money）の提唱者であるウッディ・タッシュは、実体経済（とくに農業）に比して金融経済が肥大化している現代の経済のあり方を問題視している。すなわち、「ニューヨーク株式市場の取引高は、一九六〇年には一日三〇〇万株だった。それが一九八二年には一億株に、一九九七年には一〇億株に、二〇〇一年には二〇億株に、そして二〇〇七年には五〇億株になった。ウォールストリートの取引仲介業者全体の収入は、一九八〇年の二〇〇億ドルから二〇〇〇年の二二五〇億ドルに増加した」（Tasch 2008: 13）と述べている。別の箇所では、全企業利潤に対する金融部門から生じた企業利潤の割合が一九六〇年の七％から今日三〇％まで上がった反面で、製造業部門から生じた利潤の割合は五〇％から二五％に下がったと述べている（Tasch 2017: 25）。さらに、米国の消費者が食品に使った一ドルのうち、農家に落ちる額が一九〇〇年の四〇セントから今日七セントに減少していることを構造的な病気だと指摘している（Tasch 2017: 25）。

金融経済が肥大化し、それに伴って、市場を通じて農業にも金融がますます強い影響を及ぼすようになっているという点において、タッシュとGLSグループの理解は一致していると言えよう（フライカウフという本書の射程から外れるため、本書ではスローマネーについては補論として掲載するにとどめているが、スローマネーは金融と農業を結び付けて考えた重要な思想・実践であり、本編の内容を補うものとしても価値が高い）。

本章ではまず、フライカウフの根底に流れるシュタイナーの貨幣観を確認しておきたい。このことは、第二章以降の公益事業としての農業におけるフライカウフの実践と関連しても重要であるが、特に本章で扱うキームガウアーという地域通貨を理解するためには不可欠である。

シュタイナーは、彼の行った唯一の経済に関する連続講座（一九二二年）で貨幣に関する独自の見解を述べている。すなわち、貨幣は流れの中で状況に応じて、①決済（交換）（Kaufgeld）、②融資（Leihgeld）、③贈与（Schenkgeld）の三つのいずれかに性質を変えるという見解である。そのうえで、シュタイナーは貨幣の異なった性質を意識的に見分けて使用することが重要だと主張した。シュタイナーは、「現金決済の領域では、貨幣は一定の価値を示す。贈与の領域では、決済の領域での貨幣価値がすべて否定され、放棄される。その両者の間にある融資において、〈移転〉が引き起こされる。融資は次第に、贈与として消尽される」（Steiner 1996: 177）と述べている。

貨幣の三つの性質は経済プロセス全体でそれぞれの役割を果たすのであるが（たとえば、貨幣の融資的性質は、新たな経済的価値の源泉（同時に贈与の源泉）であると考えられている）、シュタイナーはそのなかでも特に貨幣の贈与的性質に注目すべきだと考えていた（Steiner 1996: 129–130）。

貨幣の贈与的性質は、他の誰かのために贈与される時に発揮される。贈与をした者は自らの必要を満たすことができなくなるため、贈与をした者にとって贈与的性質は決済的性質と対立する。逆に贈与を受けた者は、その貨幣で必要を満たすために交換を行う。

贈与において最も重要なのは、自由意志に基づき、なんらかの代償を求めることなしに贈与が行われることである。このことによって、贈与の受け手は経済的な制約から解放されて自由な精神生活（教育、芸術、文化、宗教などの分野が代表的）が可能になる。また、過去に縛られずまったく新しいことを始められるという点から、社会に新たな価値を創造していく際に不可欠なものと考えられている。自由な精神生活を営む者は過去に対しては純粋な消費者であるが、未来に対しては間接的ではあるものの、非常に生産的だという。精神的自由人は、精神性をほかの人々に提供し、人々の思考を柔軟にして、経済的な面も含めて人々がよりよい社会を作り上げていくために関与する（Steiner 1996: 93–94）。

社会に創造性をもたらすというはかにも貨幣の贈与的性質には重要な役割がある。それは、経済的価値を消尽させることである。貨幣の融資的性質によって新たに経済的価値が創出されるが、それが現金決済に戻って滞留すると経済プロセスが阻害されるとシュタイナーは指摘する（Steiner 1996: 177）。たとえば、土地や証券などに投機的に資金が流れ込むような状況（世界金融危機の際にも生じていたバブルなど）が思い浮かぶ。すなわち、自分が所有する貨幣の増大を人々が求めれば求めるほど、多くの問題が発生する。このことを回避するために意識的に贈与が行われることが必要であり、経済的価値が消尽される（同時に貨幣の権力性が放棄される）かわりに、社会に創造性（革新性）がもたらされる。貨幣がこのような意味で循環するときに経済全体のプロセスは健全に機能する。

シュタイナーによって提示された経済全体のプロセスには、限りない経済成長を目指すのではない社会発展観が含意されている。融資を増加させ、社会に存在する経済的な価値を次々増やしていくことをシュタイナーは最大の目標としてはいなかった。融資は贈与の源となる限りで必要であるが、融資的性質のお金が社会で増えすぎると問題が生じると考えていた。

シュタイナーの表現を借りれば、貨幣は血液のようなものだが、身体の中で血液が循環せずにある箇所で留まり肥大化してしまうと、様々な病気を患ってしまう。シュタイナーにとって大事だったのは、経済的な価値の増大ではなく、このような意味でお金が循環することであった。健全に機能している場合には、融資によって増えた経済的な価値は贈与によって使い果たされるので、社会に存在する経済的な価値が大きく増減することはない。一方で、お金が循環することによって贈与を受けた人々は非経済的ではあるが社会を豊かにするモノやサービスを供給する。経済的な価値の増大ではなく、教育、文化、芸術などの点で豊かさが増す社会（精神的な価値が増大していく社会）、これがシュタイナーの貨幣に関する考え方から導き出される社会発展像である。

ここでは、今の社会の風潮のように、稼げる人がすばらしく、稼げない活動をしている人が劣っているというような判断は下されない。経済的な価値を生み出す才知をもっている人はその能力を最大限に発揮し、精神的な活動に関する才知をもっている人はその能力を最大限発揮すればよい。誰が優れているかという観点ではなく、それぞれの人間が自身の能力を発揮できているかという観点が重要で、貨幣というのは個々人の能力を発揮させるための重要なツールなのである。

右のようなシュタイナーの貨幣観を確認したうえで、次節では、経済に関するシュタイナーの連続講座の第一二回で主に語られている老化する貨幣（Alterndes Geld）という考え方に対する筆者の見解を述べる。というのは、本章三節以降で扱うキームガウアーには、老化する貨幣の考え方が色濃く反映されているからである。

二　老化する貨幣

人間が生まれて死んでいくのと同様に、生命あるものはすべて生成し消滅する（工業製品ですら劣化していく）。しかし貨幣は死なず、逆に増えていきさえする。

私たちは、経済活動の規模は毎年大きくなっていかなければならないと考えがちである。成長している限りうまくいき、成長が止まったりマイナスになったりすればよくないことが起こると信じられている。本来の経済活動は、農産品や工業製品などの劣化する商品を主に扱うものであった。人間の一生を考えても明らかなように、生命あるものは決して成長しつづけない。しかし商品が貨幣と交換され、貨幣を貯めておけるようになると、また貨幣自身が商品として扱われるようになると、経済的な規模を縮小させることは拒まれるようになった。このような状況に対し、シュタイナーは、経済活動の規模が大きくなりつづけることは不自然だと考えた。

今日世界中でみられるのは、人々が利己心につき動かされて新たな投資先を探し、減ることができない貨幣がますます社会に溜まっていくという事態である。経済的な価値が増えつづけるのが問題であるならば、それを消滅させることが必要になる。

歴史を振り返ると、経済的な価値の増大を正す方法を人間は認識していたという（Kerler 2014: 59-60）。一つ目はインフレーションで、商品に対して貨幣の量が増えすぎてしまったときには、貨幣の価値自身を下げるということが行われた。二つ目は不動産や株などで生じたバブルの崩壊で、社会に滞留していた経済的な価値が一挙に失われる事態とみることもできる。しかしハイパーインフレーションをはじめとする急速なインフレーションやバブルの崩壊は、大きな社会的混乱を招くため望ましい方法とは言えない。三つ目は、紀元前にヘブライ人が行っていた方法で、聖年（大赦の年）を設けることだった。聖年がくると、それまでの借金がすべて免除された。聖

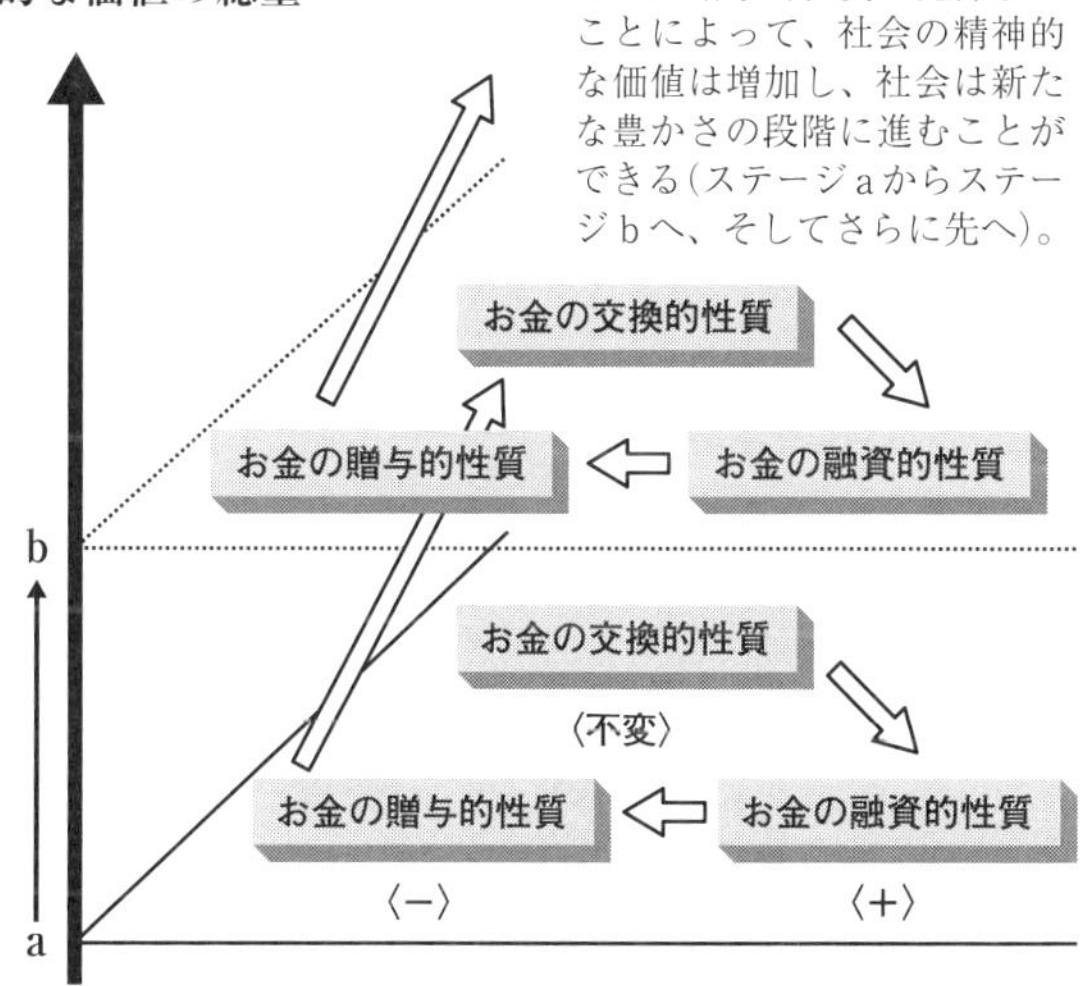

図 1-1　社会発展のイメージ

出所：筆者作成。
注：〈　〉内は、経済的な価値の増減を示す。

年は、共同体の団結を強くするため、そして人々の間の不平等があまりに大きくならないようにするために導入されていた。

　これらの方法も考えられるなかで、シュタイナーが提案したのは、意識的に貨幣を老化させ死なせていくことであった。そしてそのための方法こそが贈与であった。

　貨幣が交換的性質から融資的性質に向けられるようになると、経済的な価値の成長が始まる。成長した経済的な価値は、貨幣の贈与的性質を通して消滅していく。贈与された人は、その貨幣で生活物資などを買うので、貨幣は交換的性質を発揮するようになる。このプロセスを単純化して記すと、「交換－融資－贈与－交換……」となり、このプロセスを通じて、貨幣のもつ経済的な価値は成長し、死に、そして元に戻っている（別の観点からみると、交換は才知に基づいて過去にできあがったものに、融資は才知に基づいて現在できつつあるものに、そして贈与は才知に基づいて未来にできていくものに深く関係している）。

このプロセスがうまく回っているとき、贈与を受けた人々が自分の能力を伸ばし発揮することを通じて社会に革新性がもたらされ、人間や社会はより高い段階に進むことができる。イメージとしては、「交換－融資－贈与－交換」のプロセスが、らせん状に上昇していくといったところであろうか（図1-1）。

そして、このプロセスのなかで肝心なのが贈与である。贈与は死と誕生に関係している。経済が成長を余儀なくされることによってさまざまな問題が生み出されるが、貨幣に生命のサイクルを組み込み、意識的に贈与を増やして問題の解決にあたろうというのがシュタイナーの老化する貨幣というアイデアの核心であった。

三　地域通貨を利用してのフライカウフ

このように、シュタイナーの貨幣観において贈与は重要な位置を占める。本書ではフライカウフに関する諸々の実践を以降で紹介していくが、それらには様々な形での贈与が組み込まれている（純粋な寄付（種苗基金（第四章））に加えて、融資における利息の放棄（融資・贈与共同体（第二章））、無配当の出資（ビオ農地協同組合（第二章））、金銭面でのリスクの共有（連帯農業（第三章））など）。そして、これらの取り組みでは、経済成長や利潤追求に代わる目的が模索されていることも、ここまでの内容と関連して重要な点である。

さて、公益のための金融を理念としてきたGLSグループが設立以来取り組んできたのは、一般的に流通している貨幣（法定通貨）をどのようにしたら社会全体の利益のために利用できるかということであった。第二章以降の農地・農産品・種苗のフライカウフでは、公益事業としての農業を実現するために、法定通貨が使用されている。一方、本章でこれから紹介するキームガウアーでは、異なるフライカウフのやり方で公益事業としての農業を支えようとしている。すなわち、「地域通貨を利用して法定通貨をフライカウフする」ことによってである。本章で叙述する貨幣のフライカウフとは、地域通貨（キームガウアー）を使用するために法定通貨（ユーロ）を両替することによって（換言すれば、キームガウアーをユーロで購入することによって）、使用される貨幣が金融市場の影響を格段に免れることができることを意味している。

地域通貨が日本において世間に広く知られ、本格的に取り組まれるようになってからおよそ二五年が経過した。一九九八年の特定非営利活動促進法（ＮＰＯ法）が後押しし、市民活動が活発になっていき、その流れに乗りながら日本では地域通貨が広まっていった。当初は共益や公益を求める市民団体が主体となったものばかりであった。しかし、地域通貨の活動が浸透するにつれ、売り上げ増大などという私益を求めて商工会や店舗会が取り組む事例も登場し、また地方自治体が取り組む事例も出ている（泉・中里二〇一七、四〇頁）。

一九九九年初頭には数えるほどしかなかった地域通貨が、二〇一六年一二月現在での延べ立ち上げ数が六〇〇以上、稼働しているものは二〇四となっている。一方で、日本の地域通貨は立ち上げられて三～四年以内に半数弱が活動を休止している。二〇〇八年以降は新たに立ち上げられる地域通貨が非常に少なくなっている。一〇年以上活動している地域通貨は約八〇存在するものの、当該地域で誰もが知り幅広く使われる地域通貨は日本ではいまだ誕生していない（泉・中里二〇一七、五二頁）。

最近の全体的な傾向としては、人と人のつながりを深めるための、狭い地域でのコミュニティを醸成する目的に絞った地域通貨が減少し、一方で地域経済と地域コミュニティの両方の活性化を狙ったものが新規で立ち上がっている。新規の地域通貨は、事業者などの特定の人のみが円貨（法定通貨）に換金できるように設計されている場合が多い。円貨で地域通貨の価値を担保しつつも、円貨がもつ汎用性や利便性を抑えて地域内で循環できる点が主催団体によって重視されるようになっている（泉・中里二〇一七、四九頁）。

一方、欧州では、ベルナルド・リエターの影響もあり（リエター二〇〇〇、Lietaer et al. 2012）、補完通貨の議論が進んでいる。すなわち、法定通貨を陽の貨幣とみなし、それを補完する地域通貨などを陰の通貨とし、複数の貨幣で維持可能な社会を実現しようという考え方である。本章の分析対象であるドイツで使用されている地域通貨のキームガウアーも補完通貨の一つと言えるだろう(3)。日本においても補完通貨としての地域通貨が注目されつつあるため、先行するドイツの事例を取り上げたい。

一九三二年にヴェルグル（Wörgl）で導入された労働証明書やイタリアで急速に広がっているサルデックス（sardex）が典型と言えるが、地域通貨は法定通貨が機能せずに不況が生じ失業率が高まるなどした地域では受け入れられやすい。しかし、キームガウアーが流通するミュンヘン近郊のキーム湖（chiemsee）周辺では失業率が低く、この条件を満たしていない。にもかかわらず、キームガウアーを受け入れた店舗や農場（以下、単に店舗と記す）の数は、二〇〇三年の一〇〇ヵ所から二〇一五年の五六一ヵ所に、使用する消費者の数は一三〇人から三一〇〇人に、ユーロからキームガウアーへの交換量は六万八二八六ユーロから二三六万三五九〇ユーロに増加し、順調に拡大してきた（Chiemgauer e.V. N.A.）（ただし、後掲の図1-2の注の数値のとおり、二〇一六年以降は消費者の数を除いて漸減傾向にある）。法定通貨の問題点が顕在化していない地域において地域通貨が受け入れられている貴重な事例としてキームガウアーを位置づけ、その仕組みと思想を明らかにし、そのうえで地域通貨の意義をフライカウフという視角から考察したい。

制度面からキームガウアーをみたときの最大の特徴として、マイナスの利子率を採用していることがあげられる。いわゆる減価する貨幣の事例として有名なのは、シルビオ・ゲゼルの思想を取り入れたヴェルグルの労働証明書である。キームガウアーがゲゼルの影響を受けているのは間違いないものの、貨幣システムの設計のより本質的な部分にはシュタイナーの思想（老化する貨幣）が息づいている[4]。このことは、キームガウアー創出の中心人物であるクリスチャン・ゲレリが次のように記していることからも明らかである。

貨幣流通を確保するだけでは不十分であり、貨幣のホリスティックな概念が発展させられなければならないとシュタイナーは述べている。彼にとって、貨幣の贈与は精神的な革新の鍵である。とくに教育は贈与に依存しているが、その贈与の源泉は結局のところ経済生活を通じてのみ実現できる。キームガウアーでは、消費者がより多くのお金を支払うことなく、そのような贈与の要素をシステムに組み込んでいる（Gelleri 2003: 432）。

キームガウアーがゲゼルの思想だけを取り入れているのであれば、法定通貨が機能しているミュンヘン近郊でキームガウアーが広まる理由がない。キームガウアーのデザインに組み込まれているシュタイナーの思想がキームガウアーの成功に寄与していると筆者は考えた[5]。

以下、第四節でキームガウアーの目的や仕組みを確認する。第五節では、シュタイナーの貨幣観を利用して消費者、店舗、助成先のNPOなどの団体という主体ごとのメリット・デメリットを考察する。そして第六節で法定通貨をフライカウフするという形態を採用しているキームガウアーの意義を明らかにする。

四　キームガウアーの目的と仕組み

キームガウアーは二〇〇二年に導入されたドイツの地域通貨である（一、二、五、一〇、二〇、五〇単位の紙幣がある。現在では、地元の銀行が関わって、電子貨幣（電子キームガウアー）が導入されている）。ミュンヘンから八〇キロメートルほど離れたキーム湖周辺の地域で流通している。流通範囲は、湖を中心に五〇キロメートル以内で、約五〇万人が当該地域に住んでいる。

ゲレリは二〇〇九年の論文（Gelleri 2009）のなかで、貨幣の問題について語っている（本節は当該論文の内容を要約したものである）。彼によれば、二〇〇七年において、財・サービスの国際貿易のために必要とされた外国為替取引はわずか一・二%で、残りの九八・八%が財・サービスのやり取りを伴わない外国為替取引だったという。そして、投機に回る貨幣が中央銀行によって大量に供給されているという。

一九七〇年代以降、法定通貨の流通速度は落ちつづけている。各国の中央銀行がこの対策のために実施しているのが貨幣供給量の増加で、たとえば流通速度が二％落ちたら二％供給量を増やせば景気を維持できると考えている。しかし、実際には増加した貨幣供給量を超えて法定通貨の流通速度は落ちている。その原因は、増加した貨幣が実体経済には向かわず、投機に使われたりアンダーグラウンドに流れたりしているからであり、現在のままではさらに金融経済に実体経済が振り回されることになるとゲレリは考えた。

もう一つの導入目的は、ゲレリが勤めていたシュタイナー学校に体育館をつくるための資金集めであった。国からの補助金において不利な状況にあるシュタイナー学校で恒常的に資金を得られる方法が考えられた。その意味でキームガウアーは、寄付集めから始まった地域通貨でもある。

法定通貨の問題に取り組むために、ゲレリは学校に事務局をつくって地域通貨を導入しないかと学生に声をかけた。六人の学生がこの誘いに応じて、キームガウアーを導入するプロジェクトが始められた。

最初にアイデアとコンセプトについて話し合い、マーケット調査を始めた。自分たちの計画を、店舗の人々、教師や親に話した。このアイデアは、学校と地域の店舗とをつなぎ、協働することを目指していた。話し合いのなかで、各参加グループにメリットを提供できなければならないことが判明した。すなわち、店舗には売り上げ向上、学校には資金援助、学生や市民には地域通貨を使用するモチベーションが求められた。

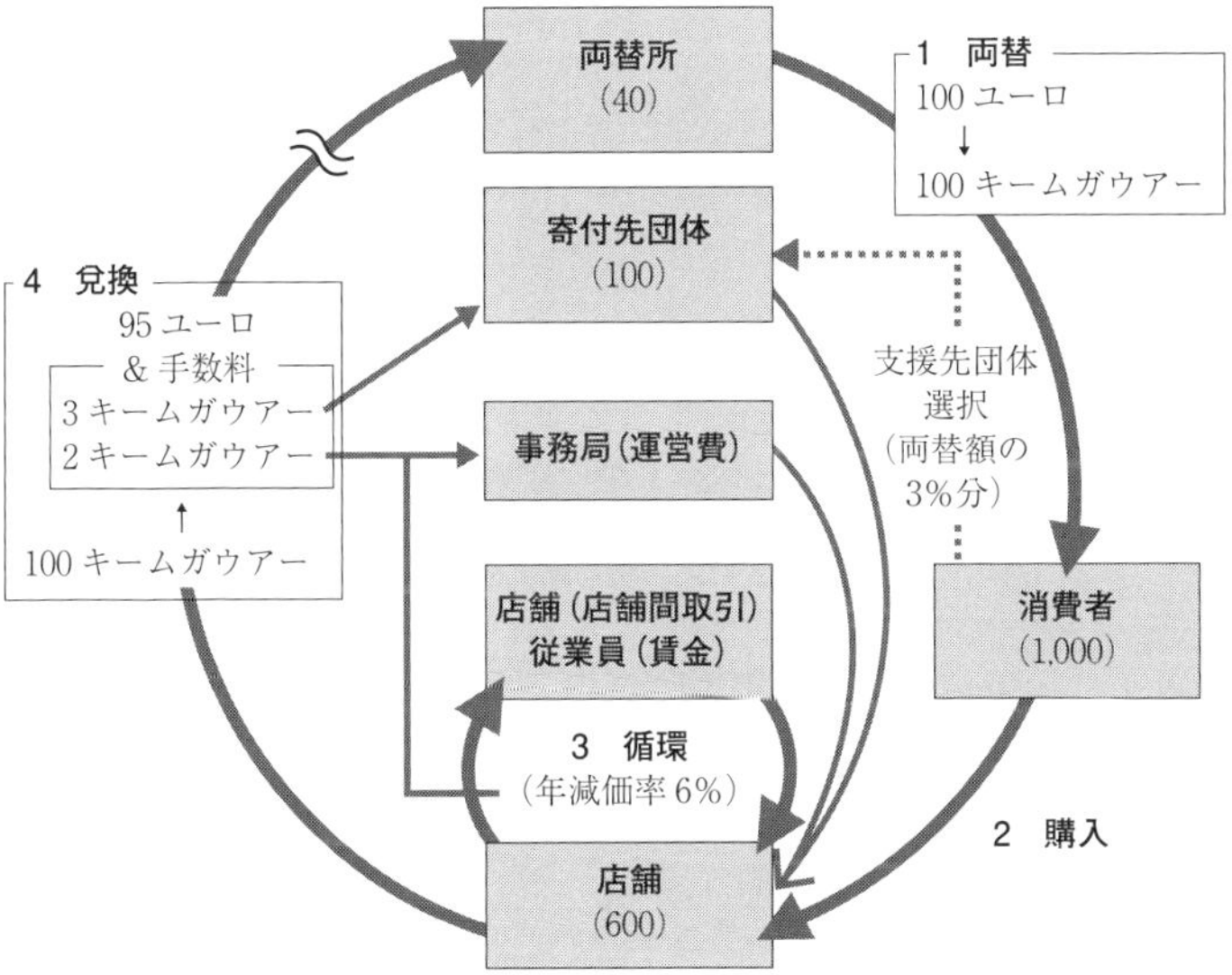

両替所
（40）
1　両替
100ユーロ
↓
100キームガウアー
寄付先団体
（100）
4　兌換
95ユーロ
＆手数料
3キームガウアー
2キームガウアー
↑
100キームガウアー
支援先団体
選択
（両替額の
3％分）
事務局（運営費）
店舗（店舗間取引）
従業員（賃金）
消費者
（1,000）
3　循環
（年減価率6％）
2　購入
店舗
（600）

図1-2　キームガウアーの仕組み

出所：Gelleri（2009）を基に筆者作成。
注：（　）内は、2009年1月時点の数値を示している。Chiemgauer Gegiogeldのウェブサイトによれば、2023年7月現在、両替所は19カ所、NPOなどの寄付先団体は289団体、店舗は389店、消費者は3,931人となっている。

地域通貨の導入に際して最も重要なのは、明確なビジョンである（図1-2）。参加者のメリット、流通範囲、法定通貨との兌換性（認める場合、兌換の際の手数料）、利子率、事業の継続可能性などである。兌換手数料については、ある程度高くする必要がある（キームガウアーの場合、兌換できるのは店舗のみで、五％の手数料がかかる。そのうちの三％がＮＰＯなどへの寄付にまわり、残りが事務局運営費に充てられる）。兌換手数料が低ければ、地域通貨がすぐに法定通貨に替えられて

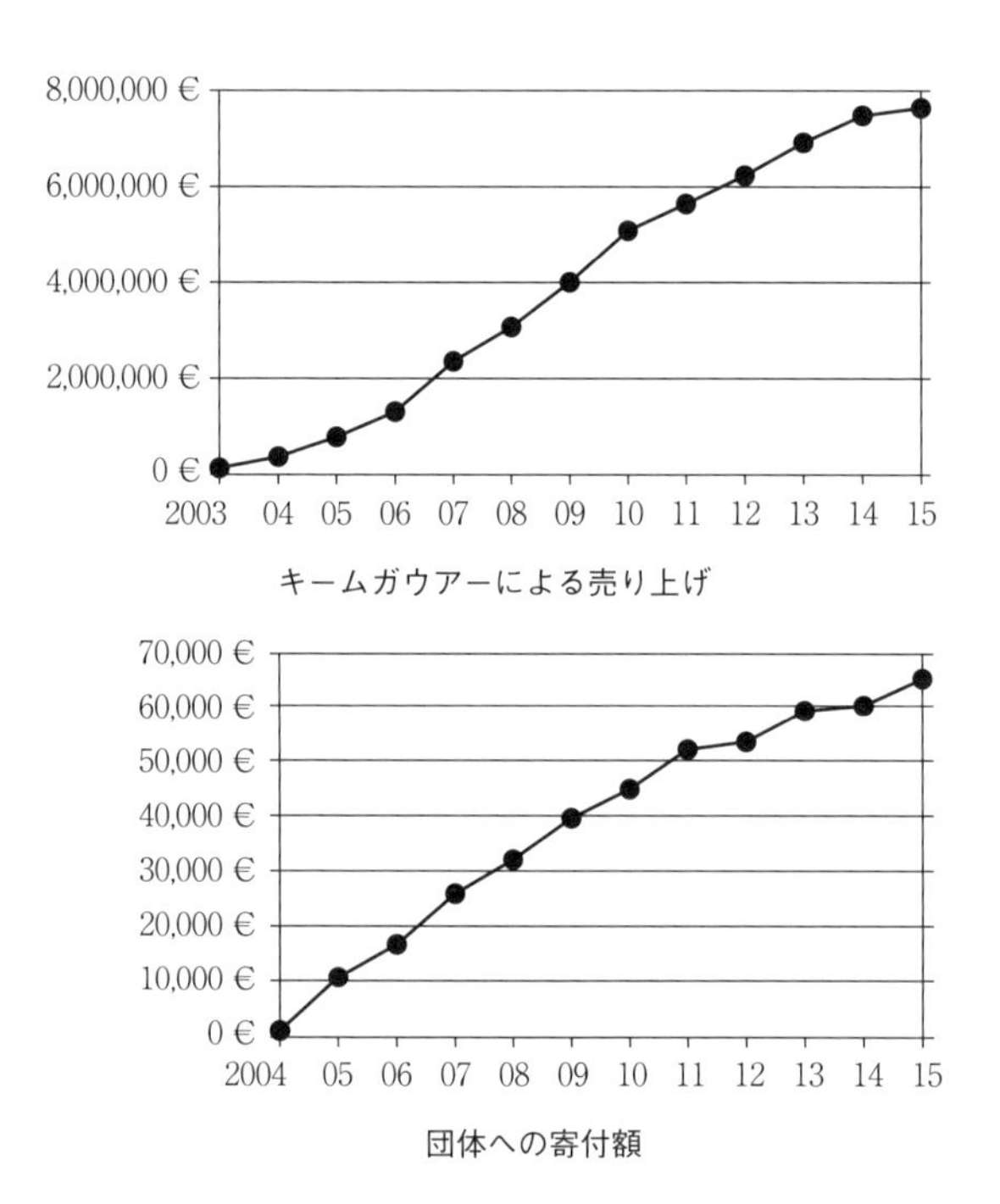

図 1-3　キームガウアーの売上高と NPO などの団体への寄付額

出所：Chiemgauer e.V.（N.A.）より筆者作成。

しまい、キームガウアーが地域で流通しないからである。兌換は可能であるが、替えるには相応の費用がかかる設計が必要となる。

　法定通貨から地域通貨に替える際には、ディスカウントはない（一ユーロが一キームガウアー）。ただし、キームガウアーに両替した人は、店舗が兌換した際に発生する三%分の寄付金について寄付先の団体を指定することができる。

　ゲレリらが設計した地域通貨のキームガウアーでは、貨幣供給量を増やすことなく貨幣の流通速度を増すことが考えられた。すなわち減価する貨幣のアイデアを借りて、年に四回（現在は年に三回）、地域通貨が二％減価するように設計されている（当初は年八％、現在は年六％減価し、スタンプ料は事務局運営費（通貨発行費も含む）に充てられる）。減価するため、貯め込んだり投機したりするためには使われない。

キームガウアーの導入によって地域経済が活性化し、地元の農産物が多く使われるようになった。また地元のＮＰＯの活動も活発になった。地元のものが使われ、環境負荷も減り、問題の多い法定通貨に全面的に頼らなくてよくなった。

二〇一五年には約二三三万キームガウアーがユーロから両替され、全ての店舗の売り上げは七六〇万キームガウアーに、ＮＰＯなどへの寄付額も六万三〇〇〇キームガウアーに上っている（図1-3）。なお、二〇一五年をピークに寄付額は減少傾向にあり、二〇二二年にはＮＰＯなどへの寄付額は四万二〇〇〇キームガウアーになっている（Chiemgauer Gegiogeld のウェブサイト）。

五　消費者、寄付先団体、店舗にとっての意義

前節まででシュタイナーの貨幣観とキームガウアーの仕組みをみた。本節では、キームガウアーに関わる主な主体である消費者、寄付先団体、店舗の三者に注目して、それぞれにとっての

メリットやデメリットを、特に贈与の要素に注目しながら考察する。

（1）消費者

特定の地域でしか使用できない地域通貨は、その時点で消費者にとっては使い勝手がよくない。くわえて、キームガウアーの場合には、貨幣を保有していると減価してしまう。キームガウアーが広く受けいれられるためには、消費者にとってのメリットが必要となる。

メリットの一つは、キームガウアーを使えば域内の経済活動に貢献できることである。店舗の項でも触れるように特に小規模店舗にキームガウアーは有利に働く。また、貨幣が減価していくことから流通速度があがっていて二〇一五年でユーロの流通速度が一・五〇なのに対し、キームガウアーの流通速度は四・二二になっている（Chiemgauer e.V. N.A.）。キームガウアーを利用すれば中央銀行が法定通貨の供給量を増やすことをせずとも地域経済を活性化できるうえ、自分が使用する貨幣が少なくとも直接的には投機に使用されることはない。キームガウアーは店舗がユーロに兌換することができるが、その際には五％の手数料がかかる。それは地域のために使用されるので、ユーロに兌換される場合にも地域にとってメリットが生じる。自分の使用する貨幣が投機に回るのを避けたいと願っていて、かつ、地域の実体経済に貢献したいと考える消費者にとって、キームガウアーは好ましい性質を有している。

もう一つのメリットが贈与に関するもので、地域通貨のなかでもキームガウアー固有のメリットである。キームガウアーでは消費者がユーロをキームガウアーに両替する際に自分が望む地元のＮＰＯなどの団体を指定することができ、両替した額の三％が指定団体に寄付される。しかも、店舗がキームガウアーをユーロに兌換する際の手数料から支払われるため、この寄付額を負担するのは消費者ではなく店舗である。寄付先を決めるのは消費者だが、消費者が寄付金を負担しない仕組みになっている。この点はキームガウアーと法定通貨が決定的に異なる点である。

二〇一五年に両替されたキームガウアーは約二三六万ユーロ分で、そのうち二二七万ユーロ分が兌換されている（Chiemgauer e.V. N.A.）。この数値から、キームガウアーは何度か流通した後、ほとんどがユーロに兌換されていることがわかる。そのため、消費者が両替した額の三％を助成することが可能になっている。

キームガウアーでは法定通貨とは異なり、制度のなかで贈与的性質の貨幣が生まれるようにデザインされているが、通常の形の贈与ではない。すなわち、資産を持たない人でもキームガウアーを使用することで簡単に贈与のプロセスに関わることができる。また、贈与する側が寄付金を負担しない構造になっているため、贈与から生じる権力性は格段に弱められている。このことは地域という単位で考えたときに、非常に重要だといえる。この点は、次項で改めて触れたい。寄付先を自分で決められるために、地域のＮＰＯなどの団体を消費者が知り関心をもつきっかけにもなる。

消費者にとってキームガウアーが有利なのは、消費者が法定通貨を使用する場合にお釣りでキームガウアーを受け取る可能性がない点である。消費者は、地元で買い物をしたいときにキームガウアーに両替し使用すればよいので、合理的に行動すれば消費者がスタンプ料（いわゆる「保有税」）を支払うことはない。地域でしか使用できない点や両替の手間などの多少のデメリットはあるものの、キームガウアーを使用することで地元経済に貢献できたり、支援団体を応援できたりするため、そのような志向をもつ消費者にはメリットが大きい制度設計になっているといえる。

（2） 寄付先団体

寄付を受けるＮＰＯをはじめとする地域の団体は、シュタイナーの考え方によれば、地域にまったく新しいもの（教育や芸術など）を生み出す可能性を有する非常に重要な主体である。これらの団体にとってキームガウアーが優れているのは、単に寄付を受け取れるからだけではない。権力性が弱められた資金を受け取ることができるため、また、使途を制限されていないため、シュタイナーが社会全体にとって最も有益だと考えた無償の贈与に近い形の資金を受け取ることができる。そのため、社会に創造性や革新性がもたらされる可能性が高くなっていると考えられる。

法定通貨だけが使用されている場合には受け取ることができなかったであろう資金が流れ込んでくることから、消費者と同じく、寄付を受ける団体にとってもキームガウアーはメリットが大きい。

寄付先団体には、シュタイナー学校、サッカークラブ、環境保全団体、キームガウアー事務局などがあり、毎年二〇〇〜二五〇団体ほどが寄付先になっており（Chiemgauer e.V. 2018）、二〇二二年では二八九団体が寄付先に指定されている（Chiemgauer Gegiogeld のウェブサイト）。

（3）店　舗

消費者や寄付先団体に多大なメリットがある一方で、「保有税」を支払うことになる店舗にとってキームガウアーは受け入れる価値が低い貨幣であるように思われる。キームガウアーを受け取っても年間六％減価してしまうため、手元においておくのではなく減価する前に支払ってしまうほうが得である。このため貨幣の流通速度があがり地域経済が活性化するものの、個別の店舗からみれば支払い先が限定され減価していくキームガウアーはデメリットが大きいように思える。キームガウアーが広範に受け入れられ機能するかは、多くの店舗が参加するかどうかにかかっている。

キームガウアーを受け入れている店舗は、二〇〇六年以来、約五〇〇～六〇〇ヵ所で推移している。カフェ、パン屋、自然食品店、ホテル、レストラン、農家、生活雑貨、自転車屋、家具製作所、スポーツ用品店、電化製品屋、不動産屋など、多様な業種の店舗が参加している（Chiemgauer e.V. 2018）。二〇一九年二月二七日に実施したキームガウアー事務局でのヒアリングによると、参加している店舗には従業員が一～三人の小規模店舗が多いという。

小規模店舗を中心とするこれらの店舗がキームガウアーを利用している理由を考察する。一般に企業活動は利潤の獲得を求めて行われると考えられる。そのような前提に立つのであれば、ユーロではなくキームガウアーを利用することで利潤が増えなければならない。実際、ゲレリは二〇〇五年の論文で、貨幣の流通速度が上がるため売り上げも上昇し、貨幣の減価分を差し引いてもキームガウアーを利用することで利潤が増えるはずだと具体的な数値をあげて説明している（Gelleri 2005）。しかし、店舗は利潤の増大を求めてキームガウアーを選択するのだろうか。

キームガウアーは貯めこんでも減価していってしまう。ユーロに兌換することが認められているので地域内で使いきれなかったとしても困ることはないものの、兌換の際には五％の手数料が発生する。つまり地域内で稼いだ貨幣を地域外に投資しようとすれば手数料を超える利潤をあげる必要があるため、店舗を拡大して地域外に進出していく目的にはキームガウアーは向いていない。キームガウアーの制度設計には、成長原理が明確に排除されている。法定通貨が規模拡大を目指す企業に使いやすい貨幣であるのと対照的と言える。

　キームガウアーは減価し兌換に手数料がかかることから、店舗はキームガウアーをできるだけ使おうとする。ゲレリへのヒアリングによると、とくに飲食関係の店舗や小規模有機農家に恩恵が大きいという。食品の産地を気にしなかった人々が地域の食材を知るきっかけにキームガウアーはなっているし、多少高価だったとしても地域の食材が選ばれることでフードマイレージを減少させることができている。ここから維持可能性や地域内循環という原理がキームガウアーでは意識されていることがわかる。キームガウアーは成長を目指す店舗にとっては有利ではないが、地域で事業を安定的に続けていきたいという店舗（農家）にとっては有意義な貨幣である。

六　地域通貨をデザインすること

　第五節の内容を踏まえたうえで、シュタイナーの考え方がキームガウアーのデザインにどのように反映されているのかを確認する。この点で最も重要なのは、キームガウアーを減価させることによって生じるお金（兌換手数料）が、贈与を促進するようにデザインされていることである。

　キームガウアーにおいて特徴的なシステムデザインの一点目は、資産の少ない人や贈与を受ける立場の人（たとえば学生）であっても、贈与する側としてプロセスに関われる点である。このことが可能なのは、寄付先は消費者が指定するものの、寄付金は店舗が負担する兌換手数料から支払われるようになっているからである。経済的価値の増大に比べて贈与による経済的価値の消尽が少ないことにより問題が生じるとシュタイナーは考えていた。したがって、より多くの消費者が贈与のプロセスに関われることは問題解決の第一歩となる。また、寄付先を選択することによって、消費者は贈与を意識することができる。この点で、キームガウアーは、貨幣の性質、とくに貨幣の贈与的性質を意識することが重要だというシュタイナーのアイデアを強く支持している。

第二に、キームガウアーでは、無償の贈与が生み出されやすい。これは寄付先を指定する主体（消費者）と寄付金を負担する主体（店舗）とが異なるように制度設計されていることによって可能になっている。一般的に寄付を受ける団体は寄付金の拠出元の意向を無視しづらいが（権力性）、キームガウアーではこの権力性の発生が回避されており、シュタイナーが社会全体にとって最も有用だと考えた無償の贈与をＮＰＯなどが受け取りやすい環境が整えられている。

第三に、寄付金の負担者が消費者ではなく店舗であるという制度設計により、貨幣の融資的性質によって創出された経済的価値が貨幣の贈与的性質によって直接的に消尽されるようになっている。しかも、地域に根ざす飲食関係の店舗や小規模有機農家に有利なようにキームガウアーがデザインされているため、そのような店舗が経済的価値を創出して贈与を支えていることになる。

通貨のデザインに贈与の要素を巧みに組み込むことによって、地域内で質的発展が生じやすくなっている。

まとめると、店舗は経済活動によって一定の利益を生み出し、その一部はスタンプ料としてキームガウアーの運営に回され、別の一部は兌換の際にNPOなどへの贈与に回される。シュタイナーの貨幣観から説明すれば、キームガウアーは融資的特性によって経済的な価値が増大し、贈与的特性によってそれが消尽する貨幣であり、同時に地域の質を高めるシステム設計がなされている。

キームガウアーには貨幣の流通速度を上昇させる以上のアイデアが含まれている。そうでなければ、冒頭でも指摘したように、ミュンヘン近郊でキームガウアーは広まらなかっただろう。この地域通貨が有する独自の意義は、シュタイナーの貨幣に関する考え方から生じている。

近代貨幣システムが工業の発展に貢献してきたことは疑いがない。一方で、環境や生態系に配慮した経済活動が望まれるようになるなかで、利潤や経済成長のみを重視する企業にとって有利な貨幣だけでは農業に係る問題をはじめとした多くの社会問題に対応できなくなっているのも事実である。制度設計上、近代貨幣システムが中央集権的な管理や量的成長に向いており大企業に有利なのに対して、キームガウアーは、民主的な管理、質的発展、維持可能性、小規模店舗、そして小規模有機農業に適した貨幣である。都市化が進み地方が衰退していくなかで地域活性化は重要な課題ではあるものの、利潤追求や経済成長とは異なる方向性で地域の発展を考えていく必要があり、そのための貨幣のデザインが望まれている。

キームガウアーであれば、自分の手を離れた貨幣が地域で循環しやすいし、自分の望まないことに使われにくい。キームガウアーは、成長を抑制し環境や生態系保全に資するフェアトレード商品のような貨幣だといえる。不況期に経済を活性化させるという役割だけでなく、経済が好調な地域であっても多くの人々に受け入れられ社会の質的発展や維持可能性に貢献できるような地域通貨を市民自身がデザインできることをキームガウアーは示している(6)。

注

(1) 本書では、GLS信託財団とGLS銀行の両者をまとめて呼ぶときにGLSグループと表記する。ノルトライン＝ヴェストファーレン州ボーフムのシュタイナー学校で、教育に必要な建物の建築費用を捻出するための資金集めをきっかけにして、GLS信託財団は誕生した。シュタイナーの貨幣観を取り入れた金融機関で、GLS信託財団の考え方に共感した企業家からの贈与によって発展の基盤が築かれた。設立当時のGLS信託財団が資産家に目を向けていたのに対し、GLS銀行は巨額の資産を持たない多くの人々が公益事業に関われるようにすることを目指して設立された。GLS銀行設立以降は、取り扱い額の上では、銀行が中心になっていく。近年では二〇〇七年からの世界金融危機をきっかけに注目され、預金者が大幅に増加した。二〇〇五年末に約五億四〇〇〇万ユーロだった顧客の預金総額は、わずか五年後の二〇一〇年末には約一七億ユーロに急増した。二〇一五年末には三六億ユーロ、二〇二二年末には八一億ユーロとさらに急増している（GLS Bank のウェブサイト）。GLS信託財団は贈与・助成を、GLS銀行は預金・融資を主に担いながら、現在でもGLSグループとして有機的に協力して公益事業を支えている。GLSグループの成立、発展、運営方法などの詳細については、林（二〇一七）を参照されたい。

（2）シュタイナーは一八六一年から一九二五年まで生きた人物で、人智学（アントロポゾフィー）を樹立した。また人智学を基礎としながら哲学、教育学のほか、芸術学、医学、農業の分野で独自の業績を残した。人智学とは自然科学の方法で精神世界を探究する学問である。人智学の内容は、人間の分析、精神世界諸領域の探究、死生観、宇宙進化論、修行論からなる（西川二〇〇八）。

（3）本書での地域通貨は、特定の場所内のみで流通する貨幣を指すこととする（場所に縛られず興味や関心を同じくする人々の間で流通する貨幣は、コミュニティ通貨として区別する）。一方、補完通貨は、法定通貨との関係で生じる概念で、法定通貨を補完し、社会や経済をバランスさせる目的で使用される貨幣を指す。この定義によると、キームガウアーは、補完通貨の考え方を強く帯びた地域通貨であると言える。

（4）シルビオ・ゲゼルも貨幣の価値保蔵機能に関してシュタイナーと同様の問題意識をもった。ゲゼルは貨幣の価値保蔵機能が利子と不況という二つの害悪の原因だと考え、貨幣の保有に損失を与える目的で、減価する貨幣という対抗策を提示した（相田二〇一四）。ゲゼルとシュタイナーとの最も大きな違いは資本に関する考え方であった。シュタイナーは貨幣の融資的性質を贈与される貨幣の源泉と考えたので資本を積極的に評価したのに対し、ゲゼルは貨幣の最も重要な役割を交換機能と考えた。それゆえ、ゲゼルの対抗策は、交換機能を最大限に発揮するために貨幣をどうしたらよいのかという観点から考えられるに留まった（Benedikter 2011: 70）。

（5）シュタイナーは一九二二年七〜八月に開催された経済に関する連続講座の第一四回で「本日発行された貨幣には有効期限とともに将来の年号が刻印される。その将来の日付までは貨幣の価値は上がり、その日付以降には下がる」（Steiner 1996: 200）と述べている。この発言や同連続講座の第一二回での同様の発言から、シュタイナーの老化する貨幣がゲゼルの減価する貨幣と類似のアイデアだと考えられることがある。しかし、シュタイナーが繰り返し発言しているように、老化する貨幣はシュタイナーが示した概念イメージの一つであったと考えられる。すなわちコインの価値を実際に増減させるということではなく、貨幣にライフサイクルを組み込むイメージを聞き手にもたせるための比喩だったと筆者は考える。ラトリーレは老化する貨幣を同様に解釈しているし（Latrille 1985: 185-187）、老化する貨幣を言葉通りに実践するどんな可能性も見当たらなかったとGLSグループ創設メンバーのケルラーはインタビューで語っている（Dohmen 2011: 40）。また、スールは、ゲゼルの減価する貨幣が公権力によって手数料を課されるものとして考えられていたのに対して、シュタイナーの老化する貨幣は人の手を加えない方法（natural way）によって生じるべきものとして考えられていたと記している（Suhr 1988: 6）。

（6）　貨幣をデザインすることと関連して蛇足的に記す。キームガウアーでは寄付先への交換額の三％の寄付先をすべて消費者が決めているが、それを消費者二％、店舗一％にするという制度設計もありうる。このようなやり方にすれば、店舗も兌換の際に、自分の応援する支援団体に寄付のお金を回すことができる。店舗にとってはその方が、やりがいがでるかもしれない。またこの一％分を地域産業育成のために充てることもできる。たとえばキームガウアーを受け入れるビール醸造所がない場合、ビールを入手しようとすればどうしても地域外に貨幣が流出してしまう。そのようなときにビール醸造所の育成のために使用できる資金があればよいのではないか。キームガウアーを受け入れるビール醸造所ができれば、麦やホップを地域内で育てる人がでてくるかもしれない。地域外で購入していたものを地域内でつくれるようにするための起業支援に一％分を使うという形にすれば、兌換手数料を払うことに店舗が意味をみいだせるようになるかもしれない。

参考文献

Benedikter, R.（2011）*Social Banking and Social Finance*, Springer.

Chiemgauer e.V.（2018）*Jahres ver Zeichnis 2017/18*.

Chiemgauer e.V.（N.A.）Chiemgauer-Statistik 2003 bis 2015.

Chiemgauer Gegiogeld のウェブサイト（https://www.chiemgauer.info/verzeichnisse/die-foerderstatistik）.

Dohmen, C.（2011）*Good Bank. Das Modell der GLS Bank*, orange-press.

Gelleri, C.（2003）Chiemgauer regional, *Jahrgang 2003*, Heft 4, pp.430-434.

Gelleri, C.（2005）Assoziative Wirtschaftsräume, *Fragen der Freiheit*, Bad Boll.

Gelleri, C.（2009）Chiemgauer Regiomoney, *International Jornal of Community Currency Research*, Vol.13, pp.61-75.

GLS Bank のウェブサイト（https://de.statista.com/statistik/daten/studie/426975/umfrage/kundeneinlagen-bei-der-gls-bank/）.

Kerler, R.（2014）*Was macht Geld?*, Verlag am Goetheanum.

Latrille, W.（1985）*Assoziative Wirtscaft*, Verlag Freies Geistesleben.

Lietaer, B. et al.（2012）*Money and Sustainability*, Triarchy Press.

Steiner, R.（1996）*Nationalökonomischer Kurs, Nationalökonomisches Seminar*, Rudolf Steiner Verlage（西川隆範訳『シュタイナー経済学講座』一九九八）.

Suhr, D.（1988）*Alterndes Geld*, Verlag AG Schaffhausen.

Tasch, W.（2008）*Inquiries into the nature of slow money*, Chelsea Green Publishing.

Tasch, W.（2017）*Soil*, Chelsea Green Publishing.

相田愼一（二〇一四）『ゲゼル研究』ぱる出版。

泉留維・中里裕美（二〇一七）「日本における地域通貨の実態について」『専修経済学論集』第五二巻第二号、三九～五三頁。

西川隆範（二〇〇八）『シュタイナー用語辞典』風涛社。

林公則（二〇一七）『新・贈与論』コモンズ。

リエター、ベルナルド（二〇〇〇）小林一紀・福元初男訳『マネー崩壊』日本経済評論社（*Das Geld der Zukunft*, 1999）。

第二章　農地のフライカウフ――ビオ農地協同組合

本章で取り上げる農地のフライカウフは、土地市場の影響を受けないようにするために農地を購入し公益事業体に譲渡するという方法で、五〇年以上にわたって実施されてきた。GLSグループは、フライカウフという言葉を農地に対してしか使用していない。この意味で、フライカウフのエッセンスが最もよく示されるのが本章であるといえる。農地のフライカウフは、実際の土地投機や相続において農地が市場で取り引きされることによる弊害を避けるために実施された。その際に次の二つの原則が重視された。すなわち、自身に割り当てられていると考えられる面積分の農地に対して各自が責任を持つべきだということ、そして、扱う能力が優れている者・団体によって農地は管理されるべきだということとの二原則である。農地のフライカウフは、寄付金、農業ファンド、協同組合の出資金など、さまざまな資金形態を通じて実現されてきた。一連の農地のフライカウフによって広がっているみんなのためになる農業（公益事業としての農業）の具体像も本章で示す。

一　GLSグループに影響を与えた農地に関する二つの原理

第一章で紹介したキームガウアーは、貨幣そのものをデザインしなおすことによって（法定通貨をフライカウフすることによって）、小規模有機農業を支援している。一方で、公益事業としての農業を支援するためのフライカウフのほとんどは、法定通貨を通じて実施されてきた。第二章以降では、GLSグループをはじめとする人々が一般的に流通している貨幣を利用してどのようなフライカウフの実践をしてきたのかをみていく。まずは、第一章でも述べたGLSグループによる農地のフライカウフについて述べる。

GLS信託財団の特徴は、財団自体が特定の目的を追求しないことである。すなわち、税法上の公益法人が社会全体の利益を実現しようとするのに対して、相談や助成を通して奉仕するのがGLS信託財団の役割である。一九六一年に設立されたGLS信託財団が税法上の公益法人への支援という形で公益性を担保していたのに対し、一九七四年に誕生したGLS銀行は主に融資を通してより広範な公益事業体を支援してきている。GLS銀行において法的認定を公益性の基準としないのであれば、GLSグループにとっての公益性とは何かを外部に示す必要が出てくる。どのような事業を公益事業と考えるかについては、団体や人によって考えが異なってくる。たとえば、再生可能エネルギーの一つであるバイオマスエネルギー原料生産のために小麦や野菜を栽培利用可能な農地が利用される場合、それを公益事業と捉えるかについては議論の分かれるところであろう。

以下で中心的なテーマとなる農地のフライカウフをはじめとして、GLSグループは設立直後から農業を重視し支援を続けてきた。支援は今日でも続いており、たとえばGLS銀行では、近年エネルギー分野への融資が増加しているが（二〇二二年で一四億二四〇〇万ユーロ、総額の約二九％）、農業を含む食品分野への融資も四億三五〇〇万ユーロ（約九％）なされている（GLS Bank のウェブサイト）。また、データの制約から無利子の融資などを除いた贈与だけの値になるが、GLS信託財団では二〇一七年に約二四四万ユーロ（総額の約一九％）を農業・エコロジー・環境の分野に振り向けている（GLS Treuhand e.V. 2018: 12）。

ヨーロッパでは、一九五八年から共通農業政策による農業生産が開始された。初期の共通農業政策は、農業生産性の向上、市場の安定、農産物の供給確保、妥当な価格水準での消費者への供給を目標としていた。この政策によって農業の生産性が向上し集約的農業が実現した一方で、化学肥料や農薬の多投入、生物多様性の減少、伝統的輪作体系の崩壊、農産物の生産過剰などのさまざまな問題が露呈することになった（小林・佐合 二〇〇三、六〜七頁）。ドイツで近代農業が推進されるようになった一九六〇年代において、公益を志向した農業の実現は、GLSグループの創設に深くかかわった事業家のアルフレッド・レックスロートと弁護士のヴィルヘルム・バルクホフの強い願いだった（GLS Treuhandstelle e.V. et al. 2013: 3）。

レックスロートやバルクホフをはじめとするＧＬＳグループの創設メンバーは、公益事業としての農業を実現していくにあたって、以下に紹介するシュタイナーの農地に関する二つの発言を基本原理とした。

一つは、一九一九年一月二七日の「農地の社会学」というテーマの講演における私有財産についてシュタイナーの発言である。

世界経済において真に正しいのは、各人が自身の分の農地と生産手段を所有することである。各人の割り当て分は、全ての農地と生産手段を人口で割った大きさになる。その際にはっきりしてくるが、人々の富は人口に依存する。割り当てられるべき一区画の農地が小さくなれば、より上手にその農地は利用される。もしある地域で人口が増えれば、一人一人の所有地がその分だけ小さくなるのが理想である。私有財産が世界から取り除かれることは決してなく、ただ覆い隠せるだけである。私が望むのはすべての人間がプロレタリア（無産者）になることではなく、各人が当然与えられるものの所有者であるという状況である（Steiner 1957: 24）。

もう一つは、一九一九年一〇月二四日から一〇月三〇日にかけての「社会の未来」という連続講演における農地の移譲についての以下の発言である。

ある個人またはグループから、他の個人またはグループへの土地の移譲は、売買や相続によってではなく、法の基盤の上での委譲により、または精神生活上の原則によって生じるべきものである。工場その他のように商品を生産して資本形成の基盤となることのできる生産手段はそれが出来上がるまでに多くの経費を必要とするので、それが出来上がった後にはそれを完成させた人が管理するのが当然のように考えられている。しかし本来は、その人が一番よく生産手段の扱い方を理解しているからそれを管理するのである。そして、このことはその人自身がその管理に携われる限りにおいて言えることである。一般に生産手段は、売却できる財としてではなく、法律によって決定される法的もしくは精神的な手続きによって、ある人物またはグループから他の人物またはグループへ委ねられる財である（Steiner 1950: 178)。

フライカウフと直接関連する「生産手段（農地）は商品であってはならない」という根本的な考えは、この発言を基礎にしている（GLS Treuhandstelle e.V. et al. 2013: 1)。くわえて、農地の移譲に関しては、右の発言の少し前で語られた次の発言にも影響を受けているとみられる。

経営者はもはや自分の能力で資本の運営が手にあまると感じるようになった時点で、または少なくともその時点のすぐあとで、公益のためにその経営を別の誰かに委ねなければならない。彼が適当な後継者を見つけることができなければ、精神生活上の彼の協力者がそのような誰かを見つけなければならない。換言すれば、経営を別の人物またはグループに委ねるというのは、売買その他による資本譲渡に関わることではなく、人間の能力に関わることである。共同体のために働くことのできる別の人物へ、能力ある者から、能力ある別の者への移行である。未来の経済は、まさにこの移行の如何にかかっている。しかし、この移行は、現在行われているような資本の譲渡ではなく、独立した精神生活、独立した法生活から来る衝動の結果であるべきである（Steiner 1950: 176）。

以下では、社会的金融機関の先駆けであり、農業支援の分野で五〇年以上の経験を有するＧＬＳグループが、このような農地に関するシュタイナーの発言から取り出された二つの原理を頼りに、農地のフライカウフに係るどのような取り組みを展開してきたのかをみる。あわせて公益事業としての農業という理念をどのように具体化させてきたのかを明らかにする。

二　農地の移譲先としての公益事業体

ＧＬＳ信託財団は、財団自体が特定の目的を追求するのではなく、持ち込まれた相談に対して共に解決策を考える。ＧＬＳグループが農地のフライカウフに取り組むきっかけになったのは、一九六〇年代後半にバイオダイナミック農業（シュタイナーの思想に基づく有機農業の一種）を営む複数の人々から、安定的・持続的に農業を営む方法を相談されたことであった[1]。たとえば、ニーダーザクセン州のバウク（Bauck）農場では、相続が重大な課題となっていた。ニーダーザクセン州の法律によれば、末の息子が農場を相続し、他の兄弟に対価を払い相続権を放棄させるというのが通常のやり方であった（この段階で、農地が市場の影響を受けることになる）。しかし、その方法を選択した場合には、兄弟とそのパートナー全員が相続後に一緒に農場で働くことは困難になる。さらにその先の将来も見据えたうえで、別の形の所有権の解決策がないだろうかというのが相談内容であった（Kerler 2011: 33）。

ヘッセン州のドッテンフェルダー（Dottenfelder）農場では、地価の高騰によって農地を借りられなくなる可能性が問題となった。一九五〇年代から六〇年代にかけての経済成長にともなってフランクフルト近郊の地価が急騰したため、ヘッセン州の土地管理組合は、農場に土地を貸すよりも宅地や事業所を建設する企業に土地を売りたがり、賃貸契約が切れるごとに、少しずつドッテンフェルダー農場の農地を売りに出すようになっていた。相談のために農場の人々が初めてGLSグループを訪れたのは、一九六七年一〇月だった（林 二〇一七、六六～六八頁）。

このような相談について農業従事者とともに考えるなかで一九六八年にブッシュベルグ（Buschberg）農場で初めて実践されるに至ったのが、市場で取り引きされている農地を買い取るための（フライカウフのための）資金をＧＬＳ信託財団が公益事業体（研究、福祉、教育などの分野）に寄付し、(2) 公益事業体が購入した農地を農業従事者に貸し出し、有機農業をはじめとする公益性の高い農業をそこで営むという方法であった（Bahner et al. 2012: 52）。

農地を公益事業体が所有しつづけることで、農地には相続に係る問題が生じなくなり、また市場価格の変動による農地への影響を格段に免れることができるようになった。一方で農地を委譲された公益事業体には、二つの責任が生じる。一つは信託財産である農地を入念に管理する／させることで、もう一つは公益事業体の使命（公益目的）を履行することである（GLS Treuhand-stelle e.V. et al. 2013: 11）。

公益事業体を設立してそこに農地を委譲するという方法は、公益事業としての農業を展開していくための有力な方法と考えられた。一方で、移譲された農地で公益事業としての農業を安定的・持続的に営む方法については試行錯誤が続いた。次章でとりあげる連帯農業もその一形態であるが、ここでは初期に多く採用された農業共同体（Landwirtschaftsgemeinschaft）を、シュレースヴィヒ＝ホルシュタイン州のキール近郊に位置するゾフィーエンルスト（Sophienlust）農場を事例にしながら紹介する。

ゾフィーエンルスト農場の設立者は、妻や友人らとともに教育と農業とを結びつけるのにふさわしい農場を一九七三年から探していた。しかしそのようなことが可能な農場が見つからないまま数年が過ぎたのち、農場開設に必要な土地や資金を探していた折りにGLSグループと出会い、農業共同体の考え方を知った。設立者らは当時未完成だった考え方をGLSグループとともに深めていった（Gengenbach 1989: 74）。

設立者らはまず一九七九年の夏に「国民教育、農業教育、ソーシャルケースワークのためのゾフィーエンルスト社団法人」という公益事業体をGLS銀行の代表者とともに設立した。直後の一九七九年九月には、売り出されていた都市周辺部の三五ヘクタールの農地をこの社団法人が購入した。この資金はGLS信託財団の二一〇万マルクの贈与や他団体からの一〇万マルクの贈与などによって賄われた（Bahner et al. 2012: 54-55）。公益を目的とする社団法人を設立したのは、GLS信託財団から贈与を受けるために必要だったからである（GLS信託財団は法的に認定された公益事業体を支援する）。くわえて、公益事業体の所有物とすることによって農地がもはや誰かの意思によって商品として売られたり融資のための担保とされたりすることを防ぐためでもあった。このことによって農地の後継者を相続権上の観点に縛られることなく、農業に対する有能さから選ぶことができるようになった（Gengenbach 1989: 76-77）。

農地の取得費用が贈与によって大部分賄われたものの、農場の毎年の運転費用を賄うために多額の資金が必要であった。この問題を解決するために一九七九年末に設立されたのが農業共同体である。ゾフィーエンルスト農場の組織図は図2-1の通りである。

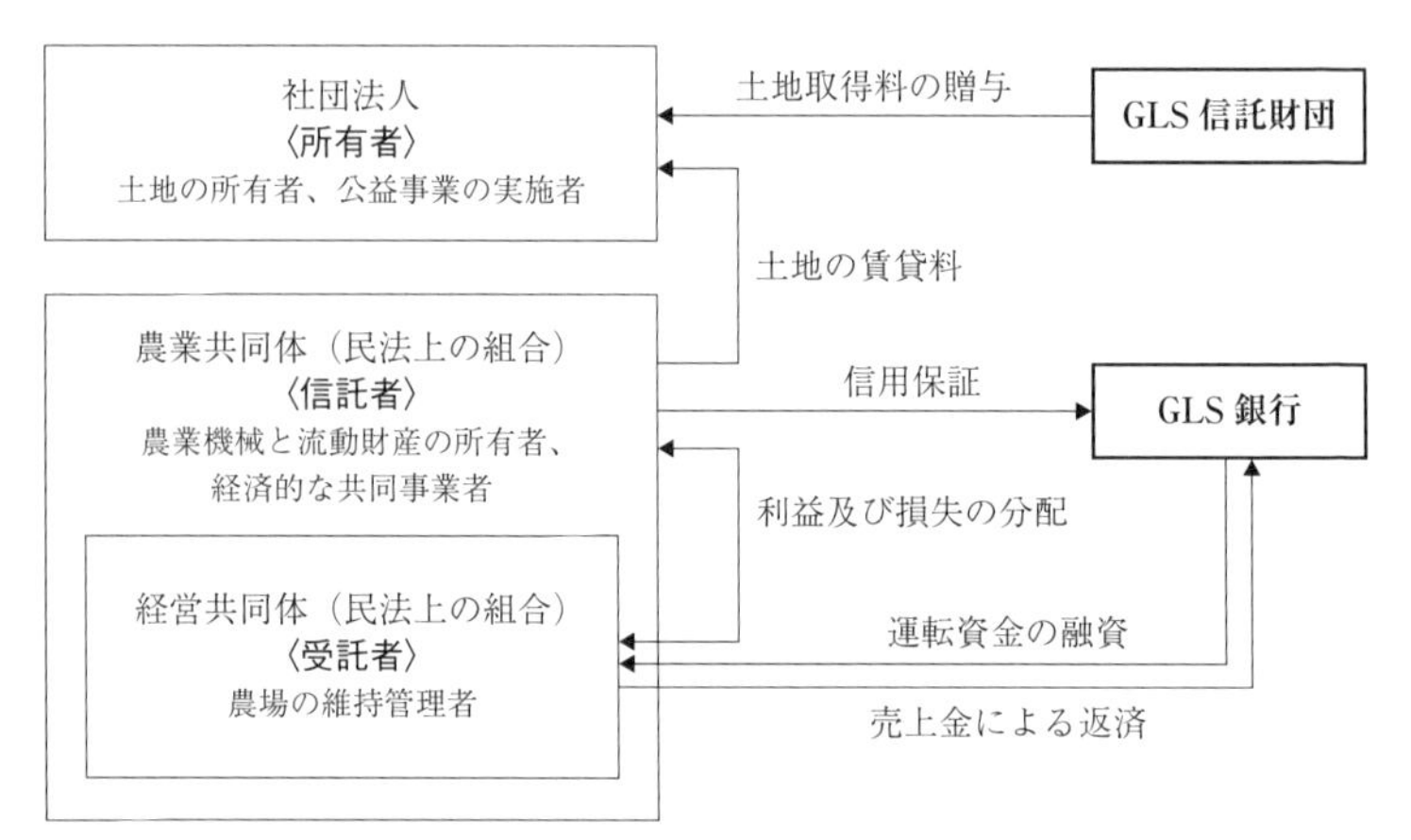

図 2-1　ゾフィーエンルスト農場の組織図と GLS グループによる支援

出所：Bahner et al.（2012）p.81 を参考に筆者作成。
注：矢印は資金の動く方向を示している。

ゾフィーエンルスト農場の農業共同体は、民法上の組合である。組合員はまずそれぞれ農場に対して三〇〇〇マルク（のちに一五三五・八八ユーロ）までの額を信用保証する契約をGLS銀行と結ぶ。GLS銀行は組合員から得た信用の枠内で農場の運営に必要な資金を、複数の農業従事者で運営される経営共同体（Betriebsgemeinschaft）に提供する。提供された資金は農産品や加工品の売り上げで返済される。各年の終わりに組合員各自に割り当てられる利益もしくは損失の額が計算され分配されるのが農業共同体では一般的である。しかし、ゾフィーエンルスト農場の場合には総会で諮ったうえで利益を組合員に分配するのではなく他の農場に与えることにしている。

ゾフィーエンルスト農場の場合、一九八六年以降若干の利益を記録するようになったが、最初の一〇年の総額でみたときには組合員一人当たり一五〇〇マルクを負担することになった（Gengenbach 1989: 77-81）。

ゾフィーエンルスト農業共同体の組合員には農場の生産物に対して二〜五％の割引を受けられるという経済的なメリットがある。ただし、ほとんどの組合員は全体のコンセプトに魅かれて参加している（Bahner et al. 2012: 55-56）。八〜一〇週おきに農場で組合員向けの会合が開かれ、組合員の三分の一ほどが出席する。年の終わりには総会が開かれる。そこには約三分の二の組合員が出席する。組合員には年に最低一回は農場を訪れることが期待されており、組合員が農場を訪れなくなった場合には、農業共同体の代表が関係の修復に努めることになっている。この意味で、農業共同体は資金面だけにとどまらず組合員の積極的な参加を求める（Gengenbach 1989: 30）。

農業共同体には農業従事者も加わっており他の組合員と同様に最高三〇〇〇マルクまでの経済的な責任を負う。くわえて経営共同体に参加する農業従事者は無限責任を負う。農業共同体の組合員は、経営共同体の組合員（農業従事者）以外から代表者を選出し、年の初めに農業従事者とともにその年の予算を作成する。予算には、物品の購入、保険、投資、建物の維持費、農地の賃貸料、人件費（農業従事者とその家族の生活費を含む）などが計上される。農業従事者は、農業共同体に対して規約などで定められた農業（ここの場合はバイオダイナミック農法）を行う責任を負っている。ただし、個々の農業従事者は自身の判断に対する責任を負うものの、予算の範囲内であれば自由に資金が使えるし、自由に耕作方法を決めることができる。一方で農業共同体の組合員は耕作方法についての口出しはできない。公益事業体や農業共同体の設立は、農業従事者を経済的な強制から逃れさせ、完全な自立状態を生み出すために行われた（Gengenbach 1989: 79–80）。

なお、ゾフィーエンルスト農場は二〇一一年現在で一五八人の農業共同体の組合員を有しており、約八〇ヘクタールの農地からの農産物や加工品で一六万ユーロを売り上げている（Bahner et al. 2012: 54）。また、社団法人の活動によって大人の精神障がい者とともに働いたり（農業従事者四五人のうち一六人が精神障がい者）、シュタイナー学校で実施される農業体験学習を受け入れたりしている（BioBoden Genossenschaft 2017: 3）。

農業従事者でない人々にとっての農業共同体の意義は、自身は農業に従事していないが、有機農業の目的に賛同し積極的に責任を負いたいという思いに対して、結束する場を提供したことだったと言える（Kowpf und Plato 2001: 260）。

三　農業ファンド

ＧＬＳグループは農業共同体を各地に広げていきながら、農業共同体を有する公益事業体に対して贈与や無利子（もしくは低利）の融資を実施してきた。その額は一九九二年一〇月時点で二〇〇〇万マルクを超えていた。しかし、ＧＬＳ信託財団に流れ込んでくる資金だけでは増えつづける農業従事者からの要望に対応できなくなっていたため、農地の購入や建物の建設、負債の償却などのための資金を新たな方法で募ることにした（GLS Bank 1992: 1）。

主にＧＬＳ信託財団が関わって一九九二年一二月に募集を開始したのが農業ファンド（Land-wirtschaftsfonds）Ｉである（一九九四年一二月に募集額に到達して新規申込が締め切られた）。農業ファンドＩで集められた資金（約一五〇人で約一三〇万マルク）は最終的には九つの農場に分配された。そのうちの一つであるキルヒ（Kirch）農場では、とりわけ器具や機械が不足していた。たとえば農場のチーズ工場には巨大な釜が調達されなければならなかったし、トラックも緊急に必要とされた。くわえて農地が買い足された。全部で四〇万マルクが必要だったが、農場で工面できたのは五万マルクにすぎなかった。不足部分がファンドからの資金で賄われ、キルヒ農場は金銭ではなく穀物の形で出資者への配当を支払うことになった（GLS Bank 1993: 8）。

キルヒ農場が穀物で支払いをすればよかったのは、農業ファンドの仕組みによる。出資者は、二五〇〇マルク以上の証券を引き受けることでファンドに参加でき、五〇〇〇マルクごとに有機農業でつくられた小麦を毎年受け取ることができる。これが基本である。ただし、出資者が望むのであれば、出資額の二%以内で金銭での配当を受け取ることもできる。手数料がかかるものの証券は第三者に売却できる（ただし、後述する農業ファンドⅡでは売却も譲渡も不可とされた）。証券の解約は、出資者が困窮した場合にだけ例外的に可能である。配当を受け取る権利は生涯にわたって保証されるが、出資者が亡くなった場合には、出資分は農場への贈与となる。投資の性格を有するものの、贈与色が強いものであったことがＧＬＳグループによる農業ファンドの大きな特徴であった（GLS Bank 1992: 1）。

農業ファンドⅠへの反響を受けて一九九四年一二月に募集が開始されたのが、農業ファンドⅡである。三五〇万マルクを二五ヵ所の農場に分配するためのもので、農業ファンドⅠよりも大規模に実施された。農業ファンドⅡにはおよそ五〇〇人が出資した（Bahner et al. 2012: 62, GLS Bank 1998: 18）。

農業ファンドⅡで新たに力点が置かれたのは、有機農業を営む農場と自然食品店とを密接に結びつけることであった。農業ファンドⅡでは出資額五〇〇〇マルクごとに収穫証書が毎年発行される。出資者は農業ファンドⅡに参加している農場と全国の自然食品店（当時一〇〇店舗ほど）

とで、有機農業を営む農場でつくられた農産品（たとえば一〇リットルのミルク、五キログラムのパン、五キログラムのジャガイモ、五キログラムのニンジン、五キログラムのリンゴなど。望めば金銭で受け取ることも可能）を配当として毎年受け取る（GLS Bank 1995: 15）。

出資者には、配当のほか、農場での行事への招待、農場に関する情報の提供などによって、農場と出資者との間での活発な交流の機会が与えられた。しかし、年を経るごとに出資者の農場への関与は弱まっていった（Bahner et al. 2012: 62）。このことはＧＬＳグループや農場の意図に反していた。出資者からは次のような意見があった。すなわち、出資を決めた理由の一つに、農業ファンドであれば農業共同体のような密接な関与（総会や会合などへの年数回の参加）を必要としなくて済むというものであった（GLS Bank 1993: 7）。この意味で、農業ファンドは有機農業への支援を望む新しい層に対する門戸を結果的に開いたといえる。なお、農業ファンドが設立された一九九〇年代前半が高金利の時代で市場金利は六～八％であったこと、死後に出資金が贈与されることから、生涯にわたっての配当があったとはいえ、農業ファンドもまた出資者に有機農業を支えたいという思いがなければ成立しえない仕組みだった。

四　ビオ農地ファンドとビオ農地協同組合

二〇〇七年、有機農業を続けてきた農業従事者たちからＧＬＳグループに新たな相談が持ち込まれた。旧東ドイツのショルフハイデ（Schorfheide）で農地が投機の対象となりはじめており、そうなればこれまで通りの農業が続けられなくなるというものだった。ショルフハイデはユネスコの生物圏保護区に指定されている地域で、その風景は数百年来の人間の利用と耕作とから生まれたものである。多数生息しているツルやコウノトリ、ビーバーやカワウソなどをはじめとする希少な生物を守るため、厳しい基準の下で有機農業が営まれてきた。しかし、世界金融危機への対応によって財政的に苦しくなったドイツ政府は、農業従事者との賃貸借契約が失効する際に、ショルフハイデの農地を売り出すことを検討しはじめた。おりしも、世界金融危機の影響で土地に対する需要が世界中で高まっていた時期である。[3] 土地が売り出されれば、旧東ドイツの財産の民営化に際しては、最高の入札額をつけた者に販売される。有機農業を営む農業従事者は土地を購入するための巨額の資金を有していないため、解決策をＧＬＳグループに相談することにした（Dohmen 2011: 146-147）。

このような経緯のもと、ＧＬＳグループのイニシアティブで二〇〇九年に設立されたのが、ビオ農地ファンド（Bio-Bodenfonds）である。ビオ農地ファンドに出資すると、出資額の二・五％分の価値を有する賞味証書（Genussschein）を得ることができ（最低出資額は三〇〇〇ユーロ）、それにより毎年農産品を受け取ることができる。賞味証書に期限はなく、譲渡も売買も可能である。ただし、農場との直接的な交流の機会は提供されない。賞味証書を通じて集められた出資金が農地の購入に充てられる（Bahner et al. 2012: 64）。

六〇〇人の出資者から一八〇〇万ユーロを超える資金が集められ、そのうちの約一四〇〇万ユーロを使ってショルフハイデの二五〇〇ヘクタールの農地が確保された。ビオ農地ファンドによって購入された農地は、有機農業を営む一三ヵ所の農場に貸し出されている。当初の賃貸料は農地購入価格の三・二％に決められたが、消費者価格や生産用原料価格によって変動する。農業従事者は最低限EUの有機農業規則の基準（再生可能資源の使用、遺伝子組み換えの不使用、禁止農薬や化学肥料の不使用など）に適合した農業を営む義務を負い、それが守られなければすぐに賃貸契約を打ち切られてしまう。その一方で有機農業を営んでいるのであればそのやり方については誰からも指示されない（バイオダイナミック農法でなくても構わない）。さらに農業従事者はもはや農地への投機や銀行への返済などによって農業が続けられなくなることを心配せずにすみ、長期にわたって安定的に有機農業を続けていけるようになった（Bahner et al. 2012: 63）。

ショルフハイデの農地が確保された後、ビオ農地ファンドによって同様の問題に直面していたドイツ国内の他の地域の農地や営林地が徐々に取得されている。二〇一二年までに約五〇〇ヘクタールが確保され、二四ヵ所の農場がそれらの農地で有機農業を営んでいる。また、二〇一二年には自然に配慮した林業のための森林一五〇ヘクタールが自然保護団体とともに初めて購入された（GLS Bank 2012: 36–37）。

ビオ農地ファンドの資金は、農業従事者が自身で農地を購入することができず、また必要な資金を周りからどうしても集められないときにだけ、投入される。ＧＬＳ銀行の専門担当者が農地の収益性を分析して、採算がとれそうな農場に対しては、ビオ農地ファンドの資金が使われるのではなく、ＧＬＳ銀行が農地取得のための資金を融資する（たとえばリンデン（Linden）農場に対しては農地購入のために二〇一〇年に四〇万ユーロが融資されている）（Bahner et al. 2012: 64, GLS Bank のウェブサイト）。

ビオ農地ファンドの成功を受けて二〇一五年四月に設立されたのが、ビオ農地協同組合（Bio-Boden Genossenschaft）である。ビオ農地協同組合設立の背景として、ドイツ国内における有機食料品市場の急成長がある（二〇一五年で売上額は八六億ユーロを超えるようになり、食品売上額全体の六・五％ほどを占めた）（FiBL & IFOAM 2017: 313）。二〇〇〇年と比べて売上額は四倍程度に増加し、この傾向はさらに強まっている。それに対し、ドイツにおける有機食料品の生産はそれほど伸びておらず（有機農業を営んでいる農地の面積は二〇〇四年と比べて二九％増加しただけである）、外国産の有機食料品に頼らざるをえない状況になっている。にもかかわらず、有機農業を営んできた農場が慣行農法を営む大規模農場に売られたり、後継者がいないために廃業したりしている。一方では、有機農業を営みたいがそのための農地を取得できない若い農業従事者が存在する。新しく設立されたビオ農地協同組合の目的はまさにここにあり、投機などを含めた土地価格の上昇のために農地が取得できず新たに有機農業を始められない若い農業従事者に対して持続的に利用可能な農地を提供することである（GLS Bank 2015: 15）。

ビオ農地協同組合の組合員には、単価一〇〇〇ユーロの出資金を支払うことでなることができる。ビオ農地協同組合は、この出資金を使って農地を取得する。協同組合に出資しても配当は得られない。解約告知の下、出資金の支払いから六〇ヵ月以降であれば解約が可能である（Bio-Boden Genossenschaft のウェブサイト）。ビオ農地協同組合は、出資者に対し、三〇〇〇ユーロを出資することを奨励している。というのは、今日の世界の人口を勘案すると、一人当たりに割り当てられる農地面積は二〇〇〇平方メートルであり、その面積を取得しよう（その面積に対して責任を負おう）と考えるのであれば、およそ三〇〇〇ユーロが必要となるからである。この点から明らかなように、この取り組みのもう一つの目的は、有機農業を支え、その農地を良好に保ち、そこで栽培される良質の農産品を社会に流通させることを自身の責任だと考える多くの人々に、そのことを実現させる方法を提供することである（GLS Bank 2015: 15）。ビオ農地協同組合は、この目的に貢献したいと願う多くの人々に対する運動として理解することができる。

二〇二二年一二月末までにビオ農地協同組合は六八五〇人の組合員と五億八四二〇万ユーロの資本金を獲得している。そして地価の低い旧東ドイツの地域が中心であるものの、ドイツ全土に安定的・持続的に有機農業を行うことができる七七ヵ所の農場（四六八四ヘクタール）を確保している（BioBoden Genossenschaft 2023: 6）。

さらに二〇一七年二月には、GLS信託財団やビオ農地協同組合が主導して、ビオ農場財団（BioHöfe Stiftung）が設立された。ドイツでは今後の一〇年間で三五％以上の農業従事者が現役を退くとみられており、そのなかには有機農業を営む数百人の農業従事者も含まれる。そしてその一部には、有機農業を営みたいと考える子どもや跡取りがいない家もある。ビオ農場財団は、そのような農業従事者から農場を贈与として受け取り、有機農業を営みたいと思っている農業従事者にそれを貸し出すことで、その農地で有機農業がこの先も確実に営まれることを保証する。ビオ農場財団では農地を共有財産（コモンズ）と考えており、人間が信託管理することによって農地をより豊かにし、次世代に引き継ぐことを目指している。この考え方に賛同して、ラインラント＝プファルツ州にあるベーレンブルンナー（Bärenbrunner）農場が、一二〇ヘクタールもの敷地（レストランや休暇用の別荘マンションなどを含む）をビオ農場財団にすでに譲渡した

（BioHöfe Stiftung のウェブサイト）。その後、二〇二一年末までに四ヵ所の農場がビオ農場財団への譲渡を申し出ている（BioHöfe Stiftung 2022）。

農地のフライカウフは、資金源の重点を移しながら、現代においても取り組まれている。

五　GLSグループにとっての公益農業

農業が農場外に与える影響について近年あらためて注目が集まっている。たとえば日本の農林水産省は、多面的機能支払交付金、中山間地域等直接支払交付金等の施策の根拠として農業農村の有する多面的機能をあげている。農村で農業が継続して営まれることにより「国土の保全、水源のかん養、自然環境の保全、良好な景観の形成、文化の伝承等農村で農業生産活動が行われることにより生ずる食料その他の農産物の供給の機能以外の多面にわたる機能」（食料・農業・農村基本法第三条）が維持・発揮されると農林水産省は考えている。この考え方によれば、どのような形態の農業であっても、農業にはこれらの意味での公益性があるということになる。

ＯＥＣＤは、農業から生じる環境外部性であって非競合性・非排他性を有するものを農業環境公共財と名付け、農業環境公共財には土壌保全と土壌の質、水質、水量、大気の質、気候変動、生物多様性、農村景観および国土の保全があると整理している（ＯＥＣＤ　二〇一六、三八～四六頁）。この整理からは、有機農業をはじめとする環境に配慮した農業であればあるほど、正の外部性が高く、すなわち公益性が高い農業という結論が導かれる。

これらの議論にみられるように、公益性の観点から農業もしくは有機農業を営むことの意義が広く認められるようになってきている。一方で、シュタイナーの発言を基礎とする二つの原理を出発点とするＧＬＳグループの取り組みでは、農業の公益性は明らかにこれらに留まらない。本節では、ＧＬＳグループがどのような農業を公益性の高い農業と考えてきたのかを明らかにしながら、公益事業としての農業について考察する。

本章第二～四節から明らかなように、ＧＬＳグループが一九六〇年代後半から一貫して支援してきたのは、農場の外部からのエネルギーや栄養分の投入に頼らない有機農業であった。そのような有機農業には、質の高い食料の提供以外にも、地域コミュニティの維持・発展、自然環境の保全といった公益的な面があるとされるが、ＧＬＳグループは有機農業を人間の生存にとって最も基礎的なものと考え、支援を続けてきた。初期においてはバイオダイナミック農法の農業だけを対象にしていたが、その後はバイオダイナミック農法に限らない有機農業を支援している。ＧＬＳグループは有機農業を公益的だと考えていたが、そのうえで以下の三点の特徴を有する有機農業を特に支援してきた。

ＧＬＳグループが支援している有機農業として、教育や障がい者雇用と一体になった有機農業

（ゾフィーエンルスト農場）、もしくは植物や動物もともに有機体として繁栄するような、生態系を保全しながら営まれる有機農業（ショルフハイデの農場）を紹介した。これらの有機農業の特徴は、有機農産品を商品として市場で販売することだけを目的としていないことである。

市場での利潤を追求するような農業を強いられるようになっていくにつれ、農業の経営方法や栽培品種などが画一化していった。しかし、本来、農業のやり方は農地の肥沃度や性質、周囲の環境によって様々であるべきである。また、農業従事者や関与する人々がどのような農場にしたいのかによって決められてよいものである。GLSグループの農業支援では、「農業における個性」（landwirtschaftliche Individualität）の考え方が重視されてきた（Fink 2014: 19）。

第二の特徴は、農業従事者と農地との関係性にある。相続に関する相談を受けその解決方法を模索していったGLSグループは、まず農業共同体をつくりあげた。そこでは農地は個人によって所有されるものではなくなっている。GLS信託財団によって支援を受けたゾフィーエンルスト公益社団法人は有能で耕作意欲のある農業従事者に、その農業従事者が希望する限り農地を貸しつづける方法を採っている。農業共同体の後に実施されたビオ農地ファンドとビオ農地協同組合でも農地取得のための資金が支援され、私的所有とは切り離された農地での農業が目指されている。GLSグループは家族農業を理想の農業とは考えなかった。

GLSグループに長年関わっていたロルフ・ケルラーは、『人間のための銀行』という著作のなかでシュタイナーの農地の移譲に関する考え方を取り上げたうえで、「農地は交換や投機や搾取の対象であってはならず、人間の才能を考慮したうえで実施される権利移譲の対象でなければならない」（Kerler 2011: 36）と記している（であるので彼もまた、農場で農業を営む権利の移譲は経済的理由からではなく、農業に関する能力から実施されるべきであると考えた）。

私的所有と切り離された農地での農業支援を推進したもう一つの理由は次のような考え方であった。すなわち、農地は植物、動物そして人間にとっての生活・労働・経済・食物の基盤であるため、経済的理由によって農地が奪われてはならず、農業従事者が安定した生活を続けていくためには農地を安心して使用しつづけられることが必要である。このことによって何十年、何百年先を見据えた持続的な農業が可能になる（Fink 1989: 42）。

第三の特徴は、農業に携わっていない人々（周辺の人々や市民）が特定の農場と関係をつくることを重視したことである。農業共同体の組合員は、経済的なリスクを共有したうえで、年に最低一回は農場を訪れることなどを通して、特定の農場と関係を結ぶ。ただし、農業共同体にも限界がある。それは、都市部に人口が集中しているのに反して、農場の多くは田舎に存在することである。都市の人々が農業や農場と建設的に関わっていける方法が必要とされた（Groh & McFadden 1990: 92）。

また、ケルラーは、私有財産についてのシュタイナーの原理に触れた後、「すべての人間は生まれると地上の生を生きるための生活基盤として一区画の農地を請求する権利を持っている。全員がこの一区画の農地を自ら耕さなければならないということではなく分業するという意味だが、この農地をどのように経営するかについての約束を取り交わすことは無意味なことではない。そして当事者たちは、約束があるということを明確に意識しているべきだ」（Kerler 2011: 45-46）と述べている。シュタイナーの言葉を参考にしたうえで、ＧＬＳグループは農業に対する責任を農業従事者のみに背負わせるべきではなく、市民には農産品を購入する以上の責任（農地への責任）を農業従事者とともに果たす必要があると考えた。

農業ファンド、ビオ農地ファンドとビオ農地協同組合は農業従事者からの要望を受けて始められたが、同時に農業に関心を有する市民をより広範に農場と結びつけることを可能とした。ビオ農地協同組合では、出資者に対し三〇〇〇ユーロを出資することを奨励している。これはシュタイナーの考え方を現代的に再解釈したものである。

以上をまとめると、ＧＬＳグループは有機農業のなかでも、①経済性に縛られず（利潤追求を目的とせずに）個性的な農場を農業従事者が目指すことができる農業、②私的所有と切り離された農地での農業、③市民が特定の農場と関係をつくっていける農業を公益的な農業と考え、六〇年以上にわたって優先的に支援してきた。現在では、商品として市場で販売することだけを目的とした巨大化・産業化した有機農業も存在する。そのような状況のなかで、どのような農業を公益的と判断するのかに関してＧＬＳグループの考え方を参考にすることは意義あることである。

六　公益を志向する農業事業体の広がり

公益事業としての農業を実現するためにフライカウフした農地を公益事業体に託すという方法は、次章で詳述するブッシュベルグ農場で一九六八年に誕生したが、当初はシュタイナーの理念に共感する一部の人々の間のみで実践されるに留まった。

初期の試行錯誤が経験として蓄積されたことで、一九八〇年代から九〇年代にかけて、農業共同体や経済共同体（後の連帯農業）をはじめとするさまざまな農業経営に関する取り組みが始められ、周辺地域の人々をはじめとして多くの人々が積極的に農場に関わるようになっていった。一方で、この時期には、農業経営に関するノウハウが十分ではなかったこと、金利が高水準だったこともあり農地をフライカウフするために銀行から借りたお金を返済できなかったケースも生じたこと、これらの状況によって緊急を要する農場の維持補修も行えなかったことなどから、公益を志向する農業事業体の多くで課題が噴出した（GLS Treuhandstelle e.V. et al. 2013: 62–63）。

二〇〇〇年代に入っても農業に対する市場の影響がますます強くなっていった結果、そのような状況下においても環境的・社会的な責務を果たせる方法に関心を払う人々が増えていった。このときまでに長年にわたって公益事業としての農業を営みつづけ、地元で高い知名度を有していたいくつかの農場がバイオダイナミック農法やシュタイナーを知らない人々の間でも注目されるようになり、農地を公益事業体に託すという方法が世間に認められるようになったというのが近年の特徴である。ビオ農地協同組合の事例からもわかるように、世界金融危機や歴史的な低金利によって、これまでとは異なるお金との付き合い方が模索されるようになっている（GLS Treuhandstelle e.V. et al. 2013: 63–64）。

　では、農地のフライカウフを通じて誕生することとなった公益を志向する農業事業体とは具体的にどのようなもので、どのように拡大・定着していったのであろうか。本章を締めくくるにあたって、二〇一二年一一月〜翌一三年一月にかけて実施されたアンケート結果の概要を示しながら、これらの点を確認しておきたい。このアンケートはこれまでみてきたような公益事業としての農業をドイツ国内で営んでいる一八五ヵ所の農場に送付され、そのうちの約三七％（六八農場）から有効な回答があった。この六八農場のうち六二農場でバイオダイナミック農法が採用されている（GLS Treuhandstelle e.V. et al. 2013: 32–33）。

　まずは、公益事業体に農地が移譲された時期について確認しておく。一九七〇年以前が七農場、一九七一〜八〇年が八農場、一九八一〜九〇年が二三農場、一九九一〜二〇〇〇年が二一農場、そして二〇〇一〜一三年一月までが九農場となっている。先に触れた部分との関連で言えば、一九八〇年まで実験的に実施されていた農地を公益事業体に託すという方法が一九八〇年代以降に広まったものの、課題が噴出し二〇〇〇年代には新規の移譲が少なくなっている（GLS Treuhandstelle e.V. et al. 2013: 34）。ただし、ビオ農地協同組合をはじめとする新規の取り組みや次章の連帯農業の盛り上がりからも明らかなように、このアンケート実施時点（二〇一三年）以降に、農地を公益事業体に託すという方法が再び脚光を浴びるようになっている。

次に農場の経営構造に関連する事項を記す。回答があった六八農場の総耕地面積は五三三五ヘクタールで、そのうちで公益事業体が所有している面積が二二八六ヘクタール、借りて耕作している面積が三〇四九ヘクタールである。このことは、平均すると約四三％の農地を各公益事業体が所有したうえで農業が営まれていることを意味している。なお、一農場あたりの平均耕地面積は、七八ヘクタールである。各農場の耕地面積はさまざまで、一〇ヘクタール以下の農場が一二ヵ所にのぼる一方で、一二〇〜二〇〇ヘクタールの農場が一〇ヵ所、二〇〇ヘクタールを超える農場が四ヵ所存在している（GLS Treuhandstelle e.V. et al. 2013: 35-36）。この点から、農地を公益事業体に託すという方法は、経営規模の大小にかかわらず採り入れることができるとわかる。

六八農場で働いている人々の総数は、一六〇一人であった。一農場あたり平均して二三人の人々が農業に携わっている。一六〇一人には支援が必要な人々（研修生や精神障がい者など）が六九三人含まれていた。これらの人々は主に教育や心理社会的療法に取り組む公益事業体が所有する農地で働いている（これらの公益事業に取り組んでいる一農場あたり平均二〇人）。支援が必要な人々を除いた人数は九〇八人になり、一農場あたり平均一三人となる。二〇一〇年におけるドイツの一農場あたりの平均農業従事者数は三・七人なので、公益を志向する農業事業体の一三人という数値は、この方法による農場の特徴をよく示している。農場経営の責任者は一農場あたり平均三人で、一人で責任を負っている農場も二一％存在するが、三人以上で責任を負っている農場が五三％を占めている（GLS Treuhandstelle e.V. et al. 2013: 39–42）。

公益を志向する農業事業体は、事業の多様性という点でも特徴的である。穀物や野菜の栽培のほかに、七八％の農場が家畜の飼育に、四一％の農場がチーズなどの乳製品の製造に、三四％の農場がパン製造に携わっている。また、五九％の農場が直売を行っている。農場で生産された農産品が、農場内の障がい者施設で利用されることもある。そのほかにも、研究、ツーリズム、飲食店営業、教育、森林育成、動物介在型療法、再生可能エネルギー事業、在来種の育種といった事業を併せて営む農場がある。市場向けの穀物や野菜を栽培しているだけの公益を志向する農業事業体は稀であり、多くの農場内には多様な仕事場が存在している（GLS Treuhandstelle e.V. et al. 2013: 37–39）。

周辺の人々との関係の深さも公益を志向する農業事業体の特徴である。周辺の人々に農場での暮らしぶりに関心を持ってもらうために、様々な取り組みがなされている。八〇％の農場で周辺の人々が農場で働いている人々と直接連絡をとれるようにしている。八二％の農場が外部に開かれた形で農場祭を催しているし、六〇％の農場が演奏やコンサートなどを開催し農場での文化生活を豊かにしようとしている。また農業に普段触れることの少ない児童や小学生向けの教育活動に取り組む農場も七二％にのぼる。農業共同体や連帯農業のような資金提供を伴う形で周辺の人々に関わってもらっている農場はこのアンケートが実施された時点では三四％に留まるものの、次章でみていくように、連帯農業の広まりとともに資金提供を伴う関与も増えてきている。約八〇％の農場がこれらの取り組みを三つ以上実施しており、周辺の人々が農場とつながる機会を提供している（GLS Treuhandstelle e.V. et al. 2013: 55）。

最後に、農場を委譲された公益事業体について述べる。同じ公益事業体が複数の農場を担っている場合があるので、公益事業体に係るアンケート回答数は六四団体となっている。公益事業体の七五％は構成員が五〇人以下で、そのうち一四団体は一〇人以下である。一方、二〇〇人以上の団体が二つ、三〇〇人以上と五〇〇人以上の団体がそれぞれ一つずつ存在している。二〇〇人以上の構成員を抱える特に大きい公益事業体を除くと、公益事業体の構成員の一団体あたりの人数は約三四人となる。公益事業体によって取り組まれている公益事業は、ごく少数の例外を除いて税法上で認められているものである。具体的には、自然保護・景観維持（五七％）、職業教育（五六％）、障がい者支援（四〇％）、少年保護指導・高齢者扶助（三二％）、研究（二九％）であり、約七五％の団体は複数の公益事業に携わっている（GLS Treuhandstelle e.V. et al. 2013: 50–52）。

以上、本章では、ＧＬＳグループの農地に関するフライカウフの取り組みに焦点を当てながら、ＧＬＳグループが考えるみんなのためになる農業（公益事業としての農業）がどのようなものであるのか、そしてそのような農業がどのように拡大してきたのかを記してきた。フライカウフした農地を公益事業体に託すという方法は一度停滞期を迎えたものの、次章でみていくように、ここで取り上げたアンケート実施の二〇一三年以降に再度拡大のきっかけをつかむことになる。このことには、公益事業としての農業に適した経営モデルが確立され、広く知られていくことが必要であった。次章では、農産品のフライカウフという視点も採り入れながら、ドイツにおける連帯農業の広がりについて述べていく。

注

（1）　バイオダイナミック農法とは、シュタイナーによって提唱された有機農業の一種である。宇宙からの諸形成力について意識的に考え、それらの力とともに取り組み、その知識を応用して調合剤を作り、用いるという点で、バイオダイナミック農法は、ほかの有機農業と異なっている。詳しくは、プロクター（二〇一二）を参照されたい。

（2）　ＧＬＳ銀行が関わって初期に行われていた農地のフライカウフの方法に、融資・贈与共同体がある。この方法では、多数の人々が集まりそれぞれが一五〇〇〜二五〇〇ユーロほどを事前融資もしくは贈与することによって農地を購入した（GLS Treuhandstelle e.V. et al. 2013: 7)。融資・贈与共同体については、林（二〇一七）一四六〜一四九頁を参照されたい。

（3）くわえてドイツでは、再生可能エネルギー法によってバイオガス電力が価格補助されることから、新たな耕地を求めバイオガス施設経営者が土地に高い値をつけるようになっていた。ショルフハイデがあるブランデンブルク州では地価の上昇が特に激しく、二〇〇七〜一〇年までの間に一一〇%も上昇した。これにともなって農地の賃貸料も上がった。ドイツでは一九八五〜二〇〇五年にかけて賃貸料はほとんど変わらなかったが、その後はドイツ全体の平均で六〇%以上上昇し、地域によっては二倍から三倍になった。このことによって、農業に利用可能な農地の一三%がバイオマスエネルギー原料生産のために失われた。GLS銀行も再生可能エネルギー分野に融資しているが、食料より電気が重要だとは考えておらず、細別された基準にしたがって有機バイオガス施設に対しては融資するが、バイオマスエネルギー原料の耕作地拡大に対しては決して融資しない（Bahner et al. 2012: 8-9, GLS Bank 2012: 36)。

参考文献

Bahner, T.（2012）*Beteiligen!*, Demeter e.V. Darmstadt.
Bahner, T. et al.（2012）*Land [frei] kauf*, Internationaler Verein für biologisch-dynamische Landwirtschaft and International Biodynamic Association.
Benedikter, R.（2010）*Social Banking and Social Finance*, Springer.
BioBoden Genossenschaft（2017）*Bodenbrief*, Ausgabe 01/2017.
BioBoden Genossenschaft（2023）*Bodenbrief*, Ausgabe 01/2023.
BioBoden Genossenschaft のウェブサイト（https://bioboden.de/mitmachen/mitglied-werden/）.

BioHöfe Stiftung (2022) *Jahresbericht 2021*.

BioHöfe Stiftung のウェブサイト (http://biohoefe-stiftung.de/bio-hofe/baerenbrunner-hof/).

Dohmen, C. (2011) *Good Bank*, orange-press.

FiBL & IFOAM (2017) *The World of Organic Agriculture -Statistics & Emerging Trend2017-*.

Fink, A. (1989) Die Landwirtschaft und die Geldfrage, Gegenbach, H und Limbacher, M, *Kooperation oder Konkurs?*, Freies Geistesleben, pp.36-46.

Fink, A. (2014) *Bank als Schulungsweg*, Mayer INF03.

Gengenbach, H. (1989) Gemeinsam Verantwortung tragen, Gengenbach, H. und Limbacher, M., *Kooperation oder Konkurs?*, Freies Geistesleben, pp.72-85.

GLS Bank (1992) *Bankspiegel*, Heft 128.

GLS Bank (1993) *Bankspiegel*, Heft 139.

GLS Bank (1995) *Jahresbericht 1994/95*.

GLS Bank (1998) *Bankspiegel*, Heft 167.

GLS Bank (2012) *Bankspiegel*, Heft 216.

GLS Bank (2015) *Bankspiegel* , Heft 223.

GLS Bank のウェブサイト (https://www.gls.de/privatkunden/wo-wirkt-mein-geld/) 及び (https://www.gls.de/privatkunden/wo-wirkt-mein-geld/ernaehrung/lindenhof-landkorb/).

GLS Treuhand e.V. (2018) *Zahlen und Zuwendungen -Die GLS Treuhand 2017-*.

GLS Treuhandstelle e.V. et al. (2013) *Landwirtschaft als Gemeingut*.

Groh, T. & McFadden, S. (1990) *Farms of Tomorrow*, Bio-Dynamic Farming & Gardening（兵庫県有機農業研究会訳『バイオダイナミック農法の創造』、一九九六)。

Kerler, R.（2011）*Eine Bank für den Menschen*, Goetheanum（村上祐子・村上介敏訳『人間のための銀行』、二〇一四）。
Kerler, R.（2014）*Was macht Geld?*, Goetheanum.
Kowpf, H. und Plato, B.（2001）*Die biologisch-dynamische Wirtschaftsweise im 20. Jahrhundert*, Goetheanum.
Steiner, R.（1950）*Soziale Zukunft*, Roman Boos（Edit.）, Troxler Verlag.
Steiner, R.（1957）*Landwirtschaft und Industrie*, Roman Boos（Edit.）, Lebendige Erde.
ＯＥＣＤ（二〇一六）植竹哲也訳『公共財と外部性』筑波書房（*Public Goods and Externalities*, 2015）。
小林久・佐合隆一（二〇〇三）『農村開発の「新たな道」』筑摩書房。
林公則（二〇一七）『新・贈与論』コモンズ。
プロクター、ピーター（二〇一二）宮嶋望監訳『イラクサをつかめ』ホメオパシー出版（*Grasp the Nettle*, 2004）。

第三章　農産品のフライカウフ——連帯農業

農産品のフライカウフとは、農産品を市場での取り引きから逃れさせることを意味している。市場を通じて農産品を販売する場合、農業従事者は、市場価格の変動や悪天候による不作などのリスクを負わなければならない。農業従事者自身でコントロールできるものではないこれらのリスクが重荷となり、安定的・持続的な有機農業の経営が妨げられている。このような課題に対して、ドイツでは地域支援型農業（Community Supported Agriculture: CSA）の一形態とされる連帯農業が近年急速に広まっている。連帯農業の基本的な形態（農地を維持しさらに豊かにしていくための責任を農場周辺の人々に引き受けてもらうかわりに、農場が農産品を生産・保障するという形態）が受け入れられるには、長期にわたって消費者との対話が重ねられる必要があったものの、市場での農産品販売に依存しない有機農業の経営方法は広範な支持を得つつある。農業従事者、消費者、そして農地所有者それぞれの連帯農業への関わり方は多様であるため、本章では実際の事例をいくつか紹介している。連帯農業を通じて、様々な形の公益事業としての農業を安定的・持続的に営むことが可能になっている。

一　ＣＳＡの一つとしての連帯農業

第二章第二節で紹介した農業共同体に類するアイデアから生まれた連帯農業（Solidarische Landwirtschaft）が、近年ドイツで急速に広まっている。共同体をつくり農業従事者以外が農業に対する経済的リスクを共に負うという点では農業共同体と同様であるが、連帯農業の場合には、利益（もしくは損失）を分配するのではなく農場で収穫された農産品を消費者共同体のメンバーに分配するという点が異なっている。このような農場の運営方法は、米国ではＣＳＡと呼ばれており、日本でも注目されるようになっている。

第二章では農業を営む土台となる農地のフライカウフに焦点を当てたのに対して、第三章では農業を安定的・持続的に営んでいくための方法に着目する。というのは、農地を市場から切り離せたとしても、そこから生産される農産品は市場の影響から逃れられていなかったからである。連帯農業を農産品のフライカウフという視点から描くのが本章の主な目的である。

ＣＳＡには様々なバリエーションが存在し、一義的に定義づけることが困難である。ここではいくつか定義を紹介しながら、ＣＳＡの要諦をつかむことにする。アメリカでＣＳＡのバイブルとされてきた『ＣＳＡ　地域支援型農業の可能性』では、「地域支援型農業（ＣＳＡ）とは、地元農家と、その農産品を食べる人々とをつなぐものである。……『生産者＋消費者＋一年間の約束＝CSAと、はかり知れない可能性』。この生産者と消費者の関係の土台をなすのが、互いに交わす約束である。農業者は消費者のために食べ物を生産し、それを食べる人々が農場を支援し、生産に伴うリスクと収穫の両方を互いに分かち合う」（ヘンダーソン・エン 二〇〇八、一八頁）と、CSAを紹介している。二〇一六年九月に採択されたヨーロッパCSA宣言では、CSAを「人々と生産者（個人・複数）との間の人間関係に基づく直接的なパートナーシップであり、長期的かつ拘束力のある契約により、農業のリスク・責任・報酬を共有することである」と定義している。最後に、日欧米の取り組みからCSAに関する著書をまとめた波夛野は、CSAを「地域の生産者と消費者が食と農で直接的に結びつき、コミュニティを形成して生産者のリスクと農産品（環境を含む）を分かち合い、互いの暮らし・活動を支え合う農業」（波夛野・唐崎編著 二〇一九、一二頁）と定義している。

CSAは、アメリカのほかにもスイス、フランス、イタリア、ポルトガル、オーストリアなど、さまざまな国で展開されている。日本の産消提携もCSAの一つとされており、一九七〇年代初頭と取り組まれた年代が早かったことから、（その後停滞してしまったものの）CSAの源流と捉えられることも多い。各国の取り組みはこれらの定義に含まれるためしばしば同じものとみなされがちであるが、CSAの成立・展開の経緯によって重点が異なる。たとえば、二〇〇一年に始まったフランスのCSAでは小規模家族農業を守るという側面が強調されている（波夛野・唐崎編著 二〇一九、八二～一〇六頁）。では、ドイツの連帯農業ではCSAのどの側面が特に重視されてきたのだろうか。

二　連帯農業の成立とコンセプト

連帯農業は、一九八八年にハンブルク州のブッシュベルグ農場で始められたとされている。農業の問題に特に関心を寄せていたGLS銀行の設立者の一人であるバルクホフは、一九六〇年代末頃から公益事業体が所有する農場の設立に尽力するとともに、ブッシュベルグ農場において連帯農業の創始に強く関与した。そのこととも関わって、本章第四節で詳述するが、ブッシュベルグ農場での取り組みはシュタイナーの思想の影響を強く受けた人々によって始められた。バルクホフが有していた根本的な見解は、「すべての人に身体が与えられるように、その人には持ち分に応じた一画の土地が与えられる。人はその両方に対して責任を負い、また、他者とともに、その両方を全ての人の幸せのために使いたいと考えている」というものだった（Heintz 2014: 4）。このようなブッシュベルグ農場と同様の取り組みを新たに始めた農場は、二〇〇三年までの一五年間で、わずか三農場であった（Wild 2012: 56）。長い間、連帯農業はドイツではごく一部の変わり者が実践している取り組みに過ぎなかった。

連帯農業がようやく注目されるようになるのは、二〇〇九年にブッシュベルグ農場が「生態系農業」の分野で最高賞を受賞して以降になる。受賞理由は、新しい経営方法によって成果豊かで持続的な農場を実現していることであった。約二〇年前に始められた経営方法が「新しい」と評価されたのだが、そこには農産品の質・透明性・倫理的消費・環境保全・地域性への消費者の意識の高まりとともに、市場競争にさらされつづけて農業を営むこと自体が危機的な状況にある（農業で収益をあげられるかに関してはグローバル市場の価格や気象状況に依る部分がある。農業従事者はこれらの要素に影響を与えられないにもかかわらず、通常、これらの要素によって生じるリスクを引き受けなければならない）ことや農業の後継者問題が顕在化してきたことが関係している（Wild 2012: 57）。

受賞の一年後に関係者によって開催された「自由農場を通じての自由」という集会を経て連帯農業の概念が合意され、二〇一一年七月には社団法人・連帯農業（Solidarische Landwirtschaft e.V.）が設立された。この社団法人の目的は、連帯農業を営む農場同士のネットワークをつくり情報交換を促したり、新規に連帯農業を始めたいと望む人々を支援したりすることである。この団体の積極的な活動も支えになり、二〇一二年には二四農場で導入されていた連帯農業は、その後急拡大し（社団法人設立後の四年間で、約四倍になった（Heintz 2014: 6））、ドイツ国内に二〇一九年六月で二四七ヵ所（準備中が三六ヵ所）、二〇二二年八月で四〇八ヵ所（準備中が九六ヵ所）、二〇二三年七月で四六〇ヵ所（準備中が一〇一ヵ所）で営まれている（Solidarische Landwirtschaft e.V. のウェブサイト）。なお、連帯農業を採り入れていると認められるためには、農場で生産された農産品の半分以上が連帯農業に向けられている必要がある（Künnemann N.A.: 3）。

では、連帯農業とはどのようなものと考えられているのだろうか。以下では、連帯農業をわかりやすく理解するために、所有者（農地や農場内の施設、場合によっては生産手段や家畜などの動産の所有）、農業経営体（農作業）、消費者共同体（消費と資金提供）という連帯農業を形成する三者に区別したうえで説明する。ただし、この区別は概念上のもので、実践においては三者を別々に切り分けて考えるべきではないとされている（Heinz 2014: 30）。

ブッシュベルグ農場をはじめとするシュタイナーの思想に影響を受けた農場で連帯農業が導入された最大の理由は、農業の新しい形態の理念を発展させるにあたっては、公益事業体に農地などの財産を移譲するだけではなく、家族経営とは別の経営形態を発展させる必要があると考えられたからである。公益事業体が農地を所有する農場では、家族ではない人に農場の経営が引き継がれることが想定されている。家族の絆ではない新たな社会的関係が形成されていく必要があると考えられた（Rüter et al. 2013: 16）。

経済活動に連帯や協力の原理が持ち込まれたのは、シュタイナーが『社会の未来』などの著作で展開している社会三分節化の原則（経済生活における友愛、精神生活における自由、法的生活における平等）を小規模にでも実現するために、農場においてどのような新しい社会形態がつくられるべきかを、連帯農業を始めようとした初期のメンバーが問うたからである（Rüter et al. 2013: 17）。経済生活における友愛という考え方は、連帯農業の基盤が競争ではなく相互の信頼にあるとされている点につながっている（Künnemann N.A.: 3）。

シュタイナーの思想を手がかりに農業における新しい経営形態を模索する中で、公益事業体が所有する農場の発展に対しては、農場周辺の人々が本質的な役割を果たすことが明らかになってきた。すなわち、農場から生じる恩恵を分け与える一方で多くの人々に経営のリスクを引き受けてもらうという意味で、周辺の人々に積極的に関与してもらえるかが農場の運命を左右することがわかってきた。そのため、実際の人間的な付き合いが、周辺の人々に多様な関与のあり方を求める鍵になると考えられた。このような考え方の下で、農地を維持しさらに豊かにしていくための責任を農場周辺の人々に引き受けてもらうかわりに、農場が農産品を生産・保障するという形態が考え出された。ここでのポイントは、公益事業体が所有する農場の発展が、農業従事者だけの課題ではなく、社会全体で取り組まれるべき課題だと明確に位置づけられたことである（Rüter et al. 2013: 18）。

以上から明らかなように、初期の連帯農業のコンセプトでは、公益事業体が所有する農場を発展させるという目的が、別の言い方をすれば、農地のフライカウフの可能性を高めるという目的が重視されていた。先に示した区分に照らせば、所有者にとっての重要性から連帯農業は始められたということになる。

次に経営体にとっての重要性をみてみよう。連帯農業では、将来にわたって自然や人間にとって健全な農産品を地域で生産するためには、生産者と消費者のパートナーシップに基づく別の経済基盤が必要であると考えられており、そのための要素として以下があげられている。すなわち、①生産者と消費者の連帯、②商品にではなく、農作業（農地を世話してもらうこと）に対する資金提供、③農産品の損害など、生産リスクの分かち合い、④環境や資源面ですぐれた耕作方法の採用などである（Wild 2012: 9）。連帯農業を導入することによって、健全な農産品を提供したいという農業従事者は、計画可能で保障された収入を通じて生活基盤を確保できる。このことによって、匿名性の高い市場で農産品を販売せずに済み、市場の圧力から解放される（Wild 2012: 10）。

一方で、健全な農産品を求める人々のグループ（消費者共同体）は、農業従事者（農業経営体）に対してお金を支払う見返りに良質の農産品を受け取る。このとき、農産品を受け取る人々は農業従事者と諸々のリスクを分かち合うのだが、同時に一区画の農地に対する責任を果たすことになる。ここでいう農地に対する責任とは、その農地が将来も実り豊かな土地でありつづけることに対する責任を意味している（Wild 2012: 9）。

当初はごく限られた一部の人々によって取り組まれていた連帯農業は、人間味があり将来性のある農業の発展を促す経営モデルであり、同時に社会的なパースペクティブやビジョンでもあると考えられるようになり、ドイツ国内で急拡大している。そこには、良質の農産品を環境に配慮して地域で生産するというだけでなく、小規模農業や多様な形態の農業を維持・拡大していくことが重要であるという論調の高まりも影響している。同時に、持続可能で将来性のある農業には、農業従事者に対しての十分な収入と農作業に対する満足感とが必要であることも指摘されるようになっており、それらのことが、家族経営の農業従事者を含めて多くの人々が連帯農業に関心を寄せる理由になっている（Heintz 2014: 7）。すなわち、所有者にとっての重要性もさることながら、農業従事者や消費者にとっての重要性が注目されることによって連帯農業は拡大していると言える。本書のテーマで言えば、農産品のフライカウフという側面が大事なものと考えられるようになっているということではないだろうか。

三　連帯農業の実践

次に、連帯農業を始める手順を見ながら、連帯農業のコンセプトが具体的にどのように実践されているのかをみていく。手順は、大きく分けて、①連帯農業に関心を寄せる人々を集め、②農業経営体と消費者共同体の間で契約を取り結び、③収穫された農産品を分け与えるというように進んでいく。以下では、手順ごとに分けて説明したのちに、実践において重要になる団体の法形態と資金調達について述べる。

（1） 農地と人々の探索

連帯農業に関心を寄せたのが消費者であれ農業従事者であれ、連帯農業を始めるには仲間を見つける必要がある。個人で始めるかグループで始めるか、都市部なのか地方なのか、農場をもった農業従事者がいるかいないかなどの前提はさまざまである。いずれにしても仲間を見つけるところから連帯農業の創設は始まる（Wild 2012: 14）。

連帯農業は、消費者によって、または農業従事者によって、さらには両者の提携によって企図される場合が多い。消費者グループによって連帯農業が企図される場合、周辺ですでに有機農業を営んでいる農業従事者に頼むか、自分たち自身で農地と農業従事者を探すかになる。農業従事者を探す際には、①農業従事者の経歴や有機農業に対する専門知識、②生産される農産品に関するイメージ（品目、有機認証を望むか望まないかなど）、③（農産品の分配地点との関連で）農場の場所に注意を払うことになる（Wild 2012: 18）。一方で、安定的な支援グループを築きたいという理由で、農業従事者によって連帯農業が企図される場合もある（Wild 2012: 20）。くわえて多くはないと考えられるものの、連帯農業の成立過程と同様に、所有者主導で連帯農業が企図される場合もあると考えられる。公益事業体が所有する農場と連帯農業の相性がよいため、公益事業体が所有する農場では連帯農業の導入割合が高くなるだろう。

いずれの場合においても、具体的なイメージを育むこと、目的を的確に表現すること、農場での働き方を明らかにすることが重要になる。このプロセスのなかで、消費者も農業従事者もさまざまな問いに直面することになる。たとえば、消費者は、「連帯農業のためにどのくらいの時間を割けるか／割きたいか」「どのような農産品（野菜、肉、乳製品など）やそれ以外の考慮事項（在来品種や動植物の生活空間の保全など）が重要なのか」「どのような価値をグループとして共有するか」「農場までの距離がどのくらいまでであれば関わることができるか」といった問いに直面する。他方、農業従事者には、「連帯農業に関わりたいと思うモチベーションは何か」「自分の仕事や予算について話し合いたいか」「資金面での責任をどの程度であれば他人に委ねられるか／委ねたいか」といった問いが突き付けられる（Wild 2012: 16–17）。

対話の結果、農業経営体と消費者共同体の間に連帯農業を始めたいという合意が生まれれば、次のステップに進むことになる。以降の記述からもわかるように、連帯農業の実践においては、問い、そしてそれに対してさまざまな主体間で対話を重ねるということが欠かせない。

（2）契約の締結

連帯農業の契約を取り結ぶにあたっては、①生産と消費に関する計画、②年間予算の立案、③消費者共同体のメンバーの割当額（負担額）の量定を話し合っていくことになる。

生産と消費に関する計画を立てるにあたって最初に確認すべきことは、連帯農業を採り入れようとしている農地でどのくらいの人間を養えるかを評価することである。消費者共同体のメンバーの最大数は、栽培条件（気候や土壌の質）、利用可能な労働力や農業機械、生産技術によって変わってくる。ドイツやフランスではおおむねの目安として、一ヘクタールの農地で、野菜のみであれば八〇～一〇〇人を、パンのみであれば約五〇人を、乳製品のみであれば一五～二〇人を、そして基礎的な農産品全て（野菜、パン、乳製品と多少の肉）であれば四～五人を養えるとされている。一方、労働力に関しては、一人のフルタイム分の労働力があれば六〇～八〇人分の生産を、二～四家族から成る農業経営体であれば一五〇～六〇〇人分の生産を担えるとされている。これらの数字は初めて計画を立てる際の目安なので、時間の経過とともに実際の農場の条件に適合するように修正されていく必要がある（Wild 2012: 24）。

栽培方法と認証も協議事項となる。連帯農業では健全な農産品の生産に加えて農地に対する責任が重視されているため、農場で採用される栽培方法は有機農業になる。ＥＵの有機農業規則に従って農薬や化学肥料を使用しないことのほかに、動物の飼育やバイオダイナミック農法の採用など、個別に規定が設けられることがある。連帯農業においては有機認証を得ることが必須ではないものの、余剰生産物を市場で販売しようとする場合には認証を得ておく場合が多い。認証されることで社会的な信頼度が増すことや、生産方法に関するコミュニケーションが生まれること、そして有機農業に関する補助金の多くが認証と結びついていることなどから、ケースにもよるが連帯農業では有機認証を獲得することが望ましいと考えられている（Wild 2012: 25）。

石油や原料の消費を通じてグローバル経済の影響を受けないようにするために、農業機械の導入は慎重に検討される。連帯農業に取り組む多くの農場にとって、グローバル経済に依存する部分を減らすことは重大な願いである。ここから、「効率的でより有意義な農業機械の導入はどのように可能か」「どの作業であれば馬力や人力によって農業機械を使わずに済むか」といった問いが生まれ、実際に、野菜栽培においては、輓馬がトラクターに代わる経済的なオルタナティブとしての役割を演じている。そのほかには、消費者共同体のメンバーによる自由意志の農作業への協力や石油を使わないトラクターの利用などの可能性もあり、農場ごとで話し合うことになる（Wild 2012: 26）。

連帯農業を通じて分配される農産品は季節ごとに異なる。そのなかでも一人当たりの消費量をイメージしておくことが重要になる。たとえば四月最後の週で一人当たりに分配された農産品の例が以下になる。一キログラムのパン、卵四つ、二リットルのミルクと乳製品、三〇〇グラムのサラダ菜、五〇〇グラムのニンジン、一二五〇グラムのジャガイモ、コールラビ二つ、一束のラディッシュである。分配される農産品の品目の多様さについては、消費者からの要求が特に多い。どの程度の品目を揃えられるかは栽培条件次第であるが、野菜であれば年間三〇～四〇種類を提供できれば十分だとされる。通常の条件下で何がいつ収穫されるかというイメージを消費者に持ってもらうために、野菜の最盛期カレンダーや分配される農産品に関する季節ごとの記述を用意することが重要でありまた有用である。なお、気候や土壌の性質などの理由で当該連帯農場では生産できない農産品を、連帯農業に理解を有する近隣の農場や信頼できる卸売業者から買い足すことも可能である（Wild 2012: 27）。

生産と消費に関する計画を立てることができたら、年間予算の立案に移ることになる。農業経営体は一年間のすべての費用をテーブルの上に並べる。これは農業経営体の支出を賄うために必要な予算である。予算の収入の欄には、消費者共同体のメンバーからの支払い、野菜や肉などの販売、助成金などが記される。支出の欄には、農業従事者への支払い（生活費、社会保障など）、研修生への支払い（賃金、保険料、食べ物や宿への支払い）、アルバイトへの支払い、農地の賃貸借料、借金返済、農業機械関連支出（減価償却費、修繕費、燃料費）、野菜の生産に係る支出（種苗、用具、温室に対する減価償却費、供水設備費）、光熱費、マーケティング費、税などのあらゆる支出が記される。なお、連帯農業を採り入れる農業経営体が消費者共同体のメンバーに対してだけでなく市場向けにも生産する場合、市場向け販売から期待される収益や市場向けの農産品に充てる生産費を、予算総額から差し引かなければならない（Wild 2012: 30-31）。

農業経営体と消費者共同体は、年次総会で翌年の予算に同意する。理想的なケースでは、すべての農産品が分配され、消費者共同体のメンバーはお互いの間で経営に要する全ての費用を負担する。予算総額をメンバー（もしくは世帯数）で割った額が、原則的には一人当たりの割当額になる。一人のひと月あたりの割当額は、野菜のみの場合には五〇〜八〇ユーロに、基礎的な農産品が全て含まれる場合には九〇〜一五〇ユーロ（一世帯では二五〇ユーロほど）になることが多い。消費者共同体のメンバー数が連帯農業で養えるメンバー数よりも少ない場合には、余剰の農産品を市場で販売することも可能である（Wild 2012: 33）。

基準となる割当額は存在するものの、話し合い次第で、所得に応じて割当額に差異を設けることができる。また、野菜を中心に基礎となる割当額を設定したうえで、ハチミツや卵や乳製品などに関しては希望者に追加の割当額を求めるという方法もある。連帯農業は弾力性のないシステムではなく、収穫量やメンバー数や各々の状況に応じて多くの変種を考えることができ、このことは割当額の設定に関しても同様である（Wild 2012: 34）。

これらの事柄を話し合ったうえで、最後に、重要な点を文書にまとめる。この取り決めが連帯農業における共同作業の基礎になる。取り決めには、共通の動機や目的、栽培方法、会員が農業の費用を引き受けること、栽培のリスクを共有すること、生産する品目、農産品の分配方法、年間予算、割当額と支払方法、契約期間（最短一年）などが記される（Wild 2012: 36）。

（3）農産品の受け取り

純粋な連帯農業においては、生産された全ての農産品は消費者共同体のメンバー間で分配される。分配方法は、場所の所与性やメンバーの貢献具合によって変わってくる。多くの場合、専門知識が必要なため、収穫と貯蔵は農業経営体の責務である。メンバーは、農場もしくはピッキングポイントで農産品を受け取る。その際、大きな箱から各自で規定量の農産品を選んで持ち帰る方法と、名前のついた各人用の農産品入りの箱を持ち帰る方法がある。後者は手間がかかるので、その作業を農業経営体かメンバーが担わなければならない（Wild 2012: 38）。

農産品の分配方法は、農場とメンバーとの間の距離に依存する。農場からの距離が近い場合には、週に二度まで、農産品を農場で受け取ることができる場合がある。農場からの距離が遠い場合には輸送費が増大するので、その費用を抑えるために、メンバーたちの居住地の近くに置き場を設置して、週に一度、そこで農産品を分配する方法などが採られる。連帯農業では、原則的に宅配サービスを扱わない。というのは、メンバーの農場への積極的な関わりや訪問が、連帯農場との結びつきを創出すると考えるからである（Wild 2012: 38–40）。ここから、連帯農業では、宅配サービスに頼らずに農産品を実際に受け取ることができる人々が消費者共同体のメンバーになりうる人々であると考えられていることがわかる。

（4）団体の法形態と資金調達

連帯農業にはほとんどの場合、農業経営体と消費者共同体とが存在する。くわえて、農地の所有者が、農地の賃貸しを通して連帯農業に関わる場合がある。所有者が関わる場合の多くでは、公益事業体が所有者となっており、長期的な農地利用を保証している。ただし、家族経営の農業事業体が連帯農業を導入するケースもある（Heintz 2014: 13）。

連帯農業において、所有者（個人・家族、有限会社、協同組合、公益事業体など）・農業経営体（個人・家族、合資会社、社団法人など）・消費者共同体（個人・家族、法律上の権限を有さない団体、社団法人、協同組合など）のそれぞれがどのような法形態を採用するかは実践においてきわめて重要である。次節で扱うように、個別の連帯農業の目的や考え方によってさまざまな可能性がある。従来型の農業経営体にとって重要なのは経営体の利潤最大化である。一方、連帯農業の農業経営体の場合には利益確保のほかに追加的な目的が設定されており、そのことが農業経営体の法形態を決める際に影響を与える（Heintz 2014: 12）。

くわえて、どのような法形態を選ぶかは、経済的な責任の範囲（資産に対する債務履行義務やそれに伴うリスク、資産形成の問題、高齢者の世話に対する責任など）と団体に望む法的安定性に影響を受ける（Heintz 2014: 12）。また、連帯農業には公益的な関心と経済的な関心とが併存しているが、農業経営体が農産品を外部に販売するときに、団体の法形態がとくに問題になり、公益活動と経済活動との法的な切り分けに留意する必要が出てくる。法形態を決める際には、「消費者共同体のメンバーは、どの程度の経済的責任を負うべきなのか／負いたいのか」「誰が最終的な決定権限を持つのか」「農地は私的な利益から守られるべきなのか」「プロジェクト開始時の資本をどこから入手して、またそれらに対する権限を誰が持つのか」「追加的な投資への資金をどのように得るつもりなのか（寄付、保証金、私的な借り入れ、出資など）」「税制面や債務履行義務の問題をどのように考えるか」「農業従事者の自主性と社会保障（病気、不慮の事故、年金、老後）はどのように考えられているか」といったことが考慮される必要がある（Wild 2012: 41）。

連帯農業において特に考慮しておかなければならないのが資産形成に係る資金需要である。農地、不動産、農業機械などの比較的高額なものを追加的に獲得しようとする際の資金調達が問題になることが多い。連帯農業の年間予算に上乗せするケースもあるが、高額であればあるほど、割当額が増す消費者共同体のメンバーから合意を得ることが難しくなる。銀行から融資を受けようとするなら、農業経営体は法的安定性が高い法形態を選択する必要がある。寄付を受けるのであれば公益団体として認められておくほうが望ましいし、出資で賄うなら協同組合か株式を発行できる企業の法形態が必要となる（Wild 2012: 46）。

四　連帯農業の事例

それぞれの農場で条件が異なったり、関わる人々の要求が異なったりするため、連帯農業の設立に際しての最良のレシピは存在しないとされている（Wild 2012: 10）。一方で、連帯農場における資産形成とその所有権の問題を考えたときに、農地などの資産の所有を公益事業体に委ねるという選択が多くなされている（消費者共同体が資金を拠出した資産（農地や農業機械など）の所有権が誰に属するのかという点は、家族所有・家族経営の農場では大きな問題となる）。農地が長期的に目的に沿った形で利用されるというのも公益事業体が所有者に選ばれる理由である（Heintz 2014: 17）。公益事業体による所有は連帯農業の当初の発想でもあるし本書の主題とも深くかかわるので、以下では公益事業体による所有の事例を複数取り上げ、最後に私的所有・家族経営の連帯農業の事例についても述べることにする。

（1）　ブッシュベルグ農場

第二章で紹介したように、ブッシュベルグ農場は一九八八年にドイツで初めて連帯農業を採り入れた農場であり、後続の連帯農場の見本となった重要な農場である。シュレスヴィヒホルシュタイン州のフーレンハーゲン（Fuhlenhagen）に位置している。典型的な連帯農場のエッセンスが詰まっているため、最初に紹介する。

ブッシュベルグ農場では一九五四年からバイオダイナミック農法で農産品を生産している。農場の大きな転機は、一九六八年に農地を公益事業体に譲渡した際に訪れた。きっかけは、労賃との関連で農業が工業と競争するのが不可能だと農地の所有者が考えたからであった。カール・ロスとトゥラウガー・グローは、複数の自由意志に基づく協力による経営共同体に可能性を見出し、私的所有関係から農場を引き離すことに決めた。具体的には、グローの農場の売却益とロスの農場とを公益的な農業研究共同体（公益事業体）に寄付したうえで、ロスやグローは家族らとともに公益事業体が所有する農地で共同して農業を営みはじめた。第一章で見たように公益事業体に農場（農地）を贈与するというブッシュベルグ農場のやり方は、その後、バイオダイナミック農法を営む農場でしばしば真似られるようになっていった（Wild 2012: 62）。

一九八〇年代の中頃に、ブッシュベルグ農場で世代交代の必要性が生じた。ロスは隠居しており、グローはアメリカに移住していた。この時、次世代の農業従事者たちは、アメリカのＣＳＡ運動の創始者となっていたグローの理念を借用して共同体に支えられた農業（のちの連帯農業）を導入しようとし[1]、農場の周辺の人々との対話を試みた。しかし当初、対話は困難を極めたという。というのは、多くの人々には、商品があってそれに対してお金を支払うというこれまでの考え方を脱することが難しかったからである。消費者の多くは、農業従事者が農業生活における自由を獲得するために、なぜ自分たちが経済生活における友愛の観点を受け入れなければならないのかを理解することができなかった。連帯農業の考え方が資本主義の経済モデルに反するものであったことが、周辺の人々の理解を困難にした。連帯農業のような社会経済的な試みは、当時のヨーロッパではまったく存在しなかった。生産者と消費者が協力するための法的基盤も課題であった（Wild 2012: 62）。

しかし、それらの問題を一つひとつ解決していき、まずは生産能力の半分を連帯農業に充てることになった。その取り組みが上首尾だったため、翌年からはほぼ全面的に連帯農業を導入することになり、現在にも続く連帯農業の形が一九八八年に誕生した。連帯農業を導入した結果、ブッシュベルグ農場はさらなる発展を遂げ、農産品の多彩さも増すことになった（Wild 2012: 62）。

ブッシュベルグ農場の一〇一ヘクタールの面積のうち、農業に利用されているのは八六ヘクタール（畑地が五〇ヘクタール（うち五ヘクタールが野菜）、牧草地が三六ヘクタール）で、六・七ヘクタールの森も有している（現在は一二三ヘクタールに拡張されている）。農場には二〇頭の乳牛、四五頭の豚、二〇〇羽のニワトリがおり、酪農場とパン製造所も備えられている。農産品の九五％が消費者共同体のメンバーに分配されており、九三世帯二一三人分の農産品となって

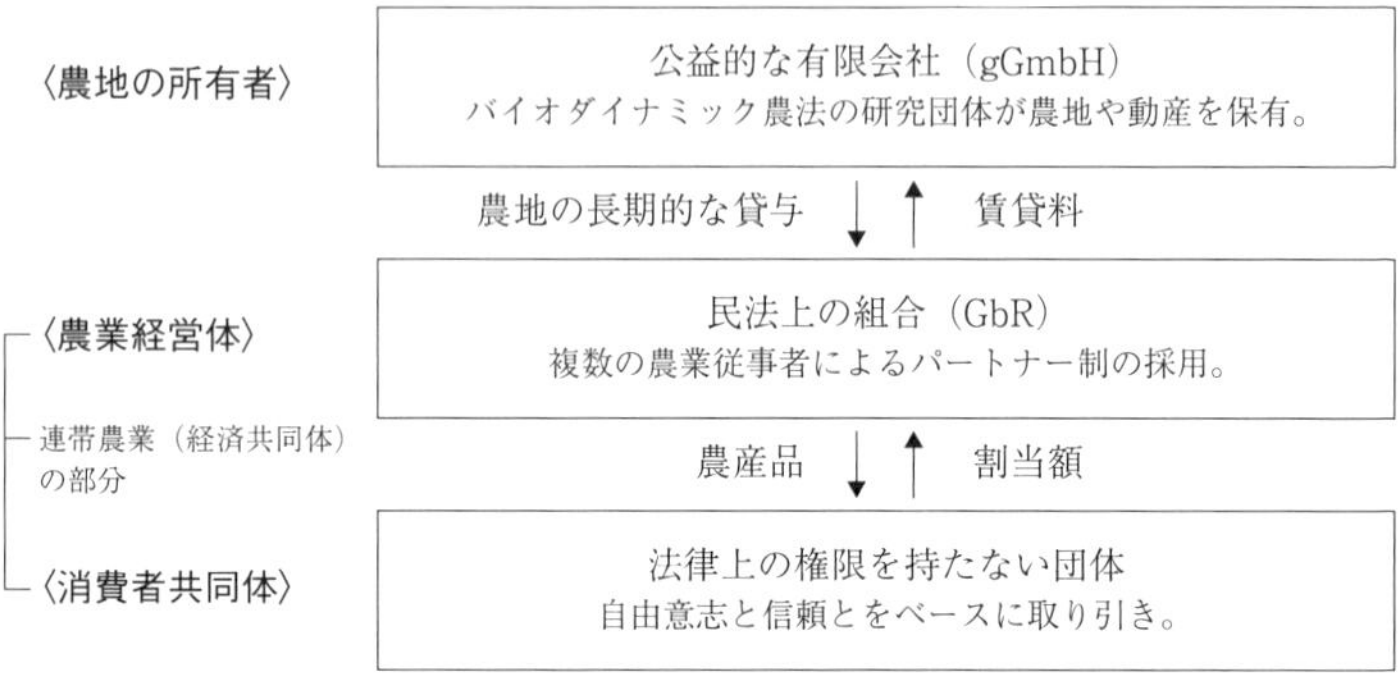

〈農地の所有者〉　公益的な有限会社（gGmbH）
バイオダイナミック農法の研究団体が農地や動産を保有。

農地の長期的な貸与 ↓ ↑ 賃貸料

〈農業経営体〉　民法上の組合（GbR）
複数の農業従事者によるパートナー制の採用。

連帯農業（経済共同体）の部分

農産品 ↓ ↑ 割当額

〈消費者共同体〉　法律上の権限を持たない団体
自由意志と信頼とをベースに取り引き。

図 3-1　ブッシュベルグ農場の組織構造図

出所：Heintz（2014）p.41 を参考に筆者作成。

いる。農場の年間予算は、三六万四〇〇〇ユーロである（Heintz 2014: 40）。約五〇人の人々（うち一二人がフルタイム労働者）がブッシュベルグ農場で生活・労働しており、そのうちの一二人は障がい者である。ブッシュベルグ農場は社会治療施設としてもよく知られている（Wild 2012: 63）。

ブッシュベルグ農場の組織は次のように構成されている（図3−1）。消費者共同体は、法律上の権限を持たない団体で、契約上の義務ではなく、自由意志と信頼とをベースに取り引きをしている。形式的には所有者である公益事業体が決定権を有するので、農業経営体や消費者共同体には正式には諸々の決定に参加する権利はない。しかし実際には、農業経営体が多くの事柄を主導しており、原則的な問題に関しては消費者共同体と相談して、実践的な問題に関してはほぼ完全に決定を下している（Heintz 2014: 40–42）。

農業経営体と消費者共同体とで形成されるブッシュベルグ農場の連帯農業（当初は経済共同体と呼ばれていた）では、定款上、利潤の獲得が存在しないため、団体の法形態の選択において税制面の問題を考慮せずに済んでいる。農場の拡張などが必要になった場合の資金は、消費者共同体のメンバーから募ることが想定されている（Heintz 2014: 42）。

（2）エントルップ１１９

ノルトライン＝ヴェストファーレン州のアルテンベルゲ（Altenberge）に位置するエントルップ１１９（Entrup 119）農場は、一九八七年に小規模（約一二ヘクタール）に始められ、当初よりバイオダイナミック農法で営まれていた。農地をルール石炭株式会社が所有していたため賃貸料を支払っていたが、一九九五年にルール石炭株式会社が農地売却の意思を示したときに、未来のためにバイオダイナミック農場を確保しさらなる発展を可能にしたいという熱心な人々が一斉に集まった。このとき、ＧＬＳ銀行の関係者の支援の下で、公益事業体による公益事業と農業経営体による経済活動とで農業における責務を分割するというコンセプトが定着した。多額の私的な寄付によって一九九九年末にバイオダイナミック農法の研究と促進に対するイニシアティブ（社団法人イニシアティブエントルップ１１９）という公益事業体が農地や建物の所有者となり、バイオダイナミック農法を営むエントルップ１１９協同組合に賃貸するという組織構造（図

3-2）が出来上がった（Wild 2012: 64）。その後、所有地以外にも周辺で農地を賃借りし、約三六ヘクタール（二一・四ヘクタールが牧草地、一〇・五ヘクタールが畑地、三ヘクタールが森、一・一ヘクタールが果樹）で農業が営まれている（Entrup 119 のウェブサイト）。

対話や試行錯誤を繰り返したのちに、エントルップ119農場で連帯農業が始められたのは、二〇〇八年になる。三五人の消費者共同体のメンバー（平均で月に一〇〇ユーロの支払い）で始められた連帯農業は、二〇一一／二〇一二連帯農業年には一二〇人のメンバー（平均で月に一二〇ユーロの支払い）にまで拡張した。エントルップ119農場での連帯農業年は、七月一日に始まり翌年の六月三〇日に終わる。毎年六月の終わりに総会が開催され、そこで予算を伴った年次計画が準備され、必要な予算を工面するために消費者共同体のメンバーは話し合いのうえでそれぞれが決めた割当額を支払うことになる。農場内の店舗からの収入を除いた年間約二八万ユーロが必要とされる（Wild 2012: 65）。エントルップ119農場では、売り上げの約半分が連帯農業からもたらされ、もう半分が農場内の店舗をはじめとする市場での販売からもたらされている（Heintz 2014: 51）。

農業経営体であるエントルップ119協同組合では、四人のフルタイム労働者と五人のパートタイム労働者、そして複数の研修生などが農作業にあたっている。消費者共同体のメンバーは、農業従事者が本来の仕事（バイオダイナミック農法による栽培）に集中できるように、農業を営

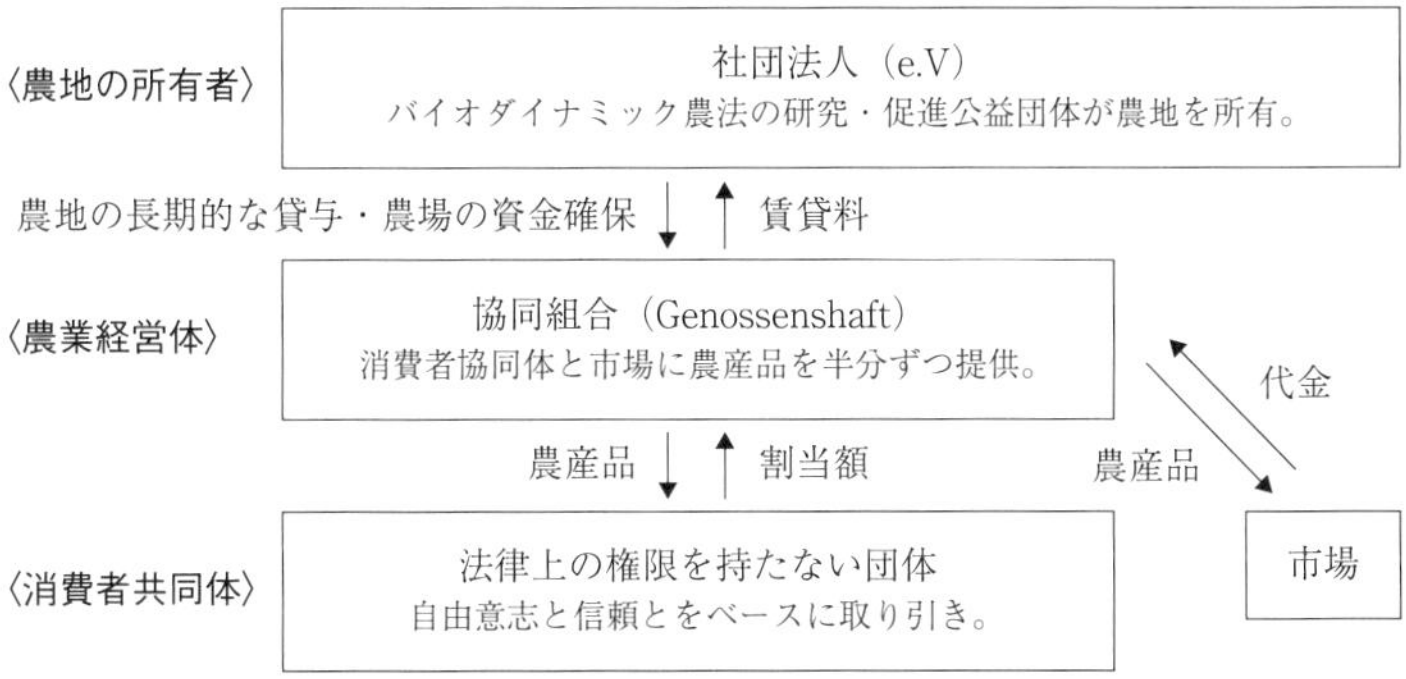

〈農地の所有者〉
社団法人（e.V）
バイオダイナミック農法の研究・促進公益団体が農地を所有。

農地の長期的な貸与・農場の資金確保 ↓ ↑ 賃貸料

〈農業経営体〉
協同組合（Genossenshaft）
消費者協同体と市場に農産品を半分ずつ提供。

代金
農産品 ↓ ↑ 割当額
農産品

〈消費者共同体〉
法律上の権限を持たない団体
自由意志と信頼とをベースに取り引き。

市場

図 3-2　エントルップ 119 の組織構造図

出所：Heintz（2014）p.50 を参考に筆者作成。

むための資金を支払う。このことが、農業に対する責任を共同で担うことにつながると考えられている（Heintz 2014: 49）。

社団法人イニシアティブエントルップ119のメンバーは、協同組合や消費者共同体のメンバーになることができない（参加者は、社団法人、協同組合、消費者共同体のいずれか一つにしか属すことができない）。というのは、農場の所有者として社団法人は寄付集めなどを通じた資金確保や農場の維持に独自の責任を負わなければならないからである。さらには、定款に従って、バイオダイナミック農業の促進だけでなく、社会教育や環境保全も義務付けられているからである（Heintz 2014: 51）。公益事業体である社団法人が資金確保の責任を強く負っているのは、エントルップ119農場では農産品の約半分を市場で販売していることも関係しているとみられる。

なお、農産品の分配は五つの置き場で行われており、週に一度、農場から置き場に農産品が届けられる。メンバー一人当たり、通常、パン一つ、卵三つ、季節に応じて二～三つの乳製品と十分なジャガイモが用意され、そこに季節ごとの野菜が加わる。置き場内での農産品の分配は、輸送の責任者によって実施される（Wild 2012: 65）。

（3） カッテンドルファー農場

ハンブルク州の北約三五キロメートルに位置するカッテンドルファー（Kattendorfer）農場で農業が始められたのは一九九五年である。農場の農業従事者の一人は、一九八六年にGLS銀行のバルクホフと対話し、それ以来、ある考えが頭から離れなかった。その考えとは、農産品は本来価格を持たず、人々の扶養に貢献するものであるというものであった（Wild 2012: 68）。

農業を始めた翌年の一九九六年には、旧来の販売方法では農場を維持していけないことが明らかになった。そこで農業経営体の同僚に連帯農業の考え方を話してみたところ関心をもってもらえたことから、経営方法の転換の準備を進め、一九九八年にバイオダイナミック農業の認証（デメター認証）を受けると同時に、約一〇世帯の家族（消費者）とともに連帯農業を採り入れることになった。導入当初から、「農産品に価格をつけることは、多くの場合人間同士の関係性を困難にするし、農業従事者と消費者の間の有益な対話を妨げる」という考えを重視していた（Wild 2012: 68）。

年によって変動するので一例となるが、消費者共同体のメンバー一人当たりが週ごとに受け取れる平均的な農産品は、肉やウィンナー七〇〇グラム、八・七五リットルのミルク、季節に応じて一・五～三・五キログラムの野菜、それにジャガイモとパン用穀類である。一九九八年に約一〇世帯だった消費者共同体のメンバーは、二〇一二年頃には約五〇〇人にまで増えた。メンバーはカッテンドルフとハンブルグの間の一二ヵ所の置き場で農産品を受け取ることができる。ほとんどの置き場は、メンバー自身で運営されている。消費者共同体のメンバー一人当たりが負担する割当額は、肉も含めたものであれば月に一六五ユーロ、肉なしであれば一三五ユーロである。農場は、三人のフルタイム農業従事者とそのほかの約三〇人で営まれている（Wild 2012: 69）。

カッテンドルファー農場の組織構造図は少々複雑である（図3-3）。まず農地は教会財産であり、教会から農業経営体に貸し出されている。ただし、農業機械、建物、そして家畜などの動産は農業経営体（Landwirte GmbH & Co KG）が所有している。農業経営体が生産する農産品は販売有限合資会社（Vermarktungs-GmbH & Co KG）にすべて販売され、連帯農業用の農産品を差し引いたのちに（二〇一四年では約七〇％が連帯農業向け）、残った農産品を販売有限合資会社が市場（農場内のお店や市場の屋台など）で販売する（Heintz 2014: 52）。残った農産品の市場での販売実績が悪ければその分、消費者共同体のメンバーの割当額が増えるが、逆の可能性もある。多くの人々でリスクを分け合うという考えから、カッテンドルファー農場では、市場向け販売と消

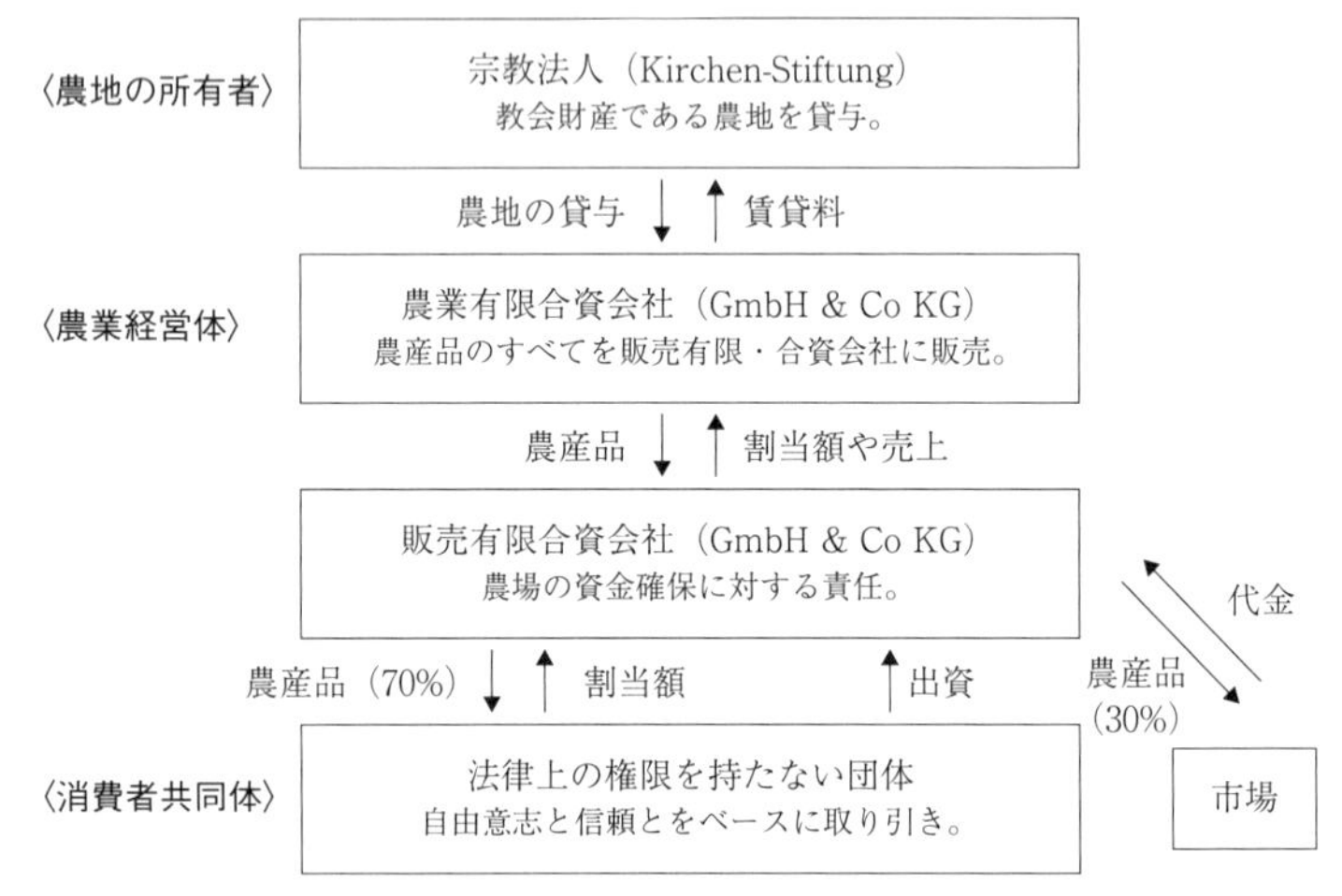

図 3-3　カッテンドルファー農場の組織構造図

出所：Heintz（2014）p.53 と Wild（2012）p.45 を参考に筆者作成。

費者共同体のメンバーの割当額が連動する形が採られている（Wild 2012: 69）。

カッテンドルファー農場の農業共同体が有限合資会社の形態を選択したのは二〇一二年である（それまでは民法上の組合（GbR））。法形態を変更した理由は、若い農業従事者に農業経営体に加わる可能性を提供し、同時に加わった若い農業従事者に生じるリスクを軽減させたいと考えたからである。農業従事年配者の生活保障の観点と関連して、制限された債務履行義務が選択された。合資会社であれば、農業経営体に若い農業従事者が有限責任社員として参加する可能性を提供できる。ほかの農場と同様に、カッテンドルファー農場でも世代交代が課題となっている（Heintz 2014: 54）。

消費者共同体のメンバーによる直接的な資金供与に関してカッテンドルファー農場ではほかにはあまり見られない取り組みがなされてきた。新たな散水施設を設置するための資金を、消費者共同体のメンバーの割当額に月三ユーロずつ追加で徴収する方法がその一つである。契約上の強制力はないため、メンバーは追加徴収額を支払わないことも可能であった（Wild 2012: 69）。もう一つが、「雌牛株式（Khuaktie）」で、農地獲得や建物建築などで多額の資本が必要になる際に発行された。購入した消費者共同体のメンバーは、出資額の二・五％の固定利息か五％分の農産品のどちらかを選択できるというものであった。なお、雌牛株式は、解約告知から一年後に名目価値で償還が可能である（Heintz 2014: 54）。

当初一三五ヘクタールだった経営面積は、生態系に配慮した農業を営んでほしいという理由で地域から提供された農地が加わって二〇一四年には二五五ヘクタールに広がり、現在は四五〇ヘクタールにまで拡大している。連帯農業という経営方法の導入や資本獲得のための独自の取り組みが農場の発展に寄与していると考えられる。カッテンドルファー農場の事例は、農業従事者が市場での販売（商品化）にではなく本来の仕事に集中しながら規模的にも発展できる可能性を示した連帯農業の事例といえる。

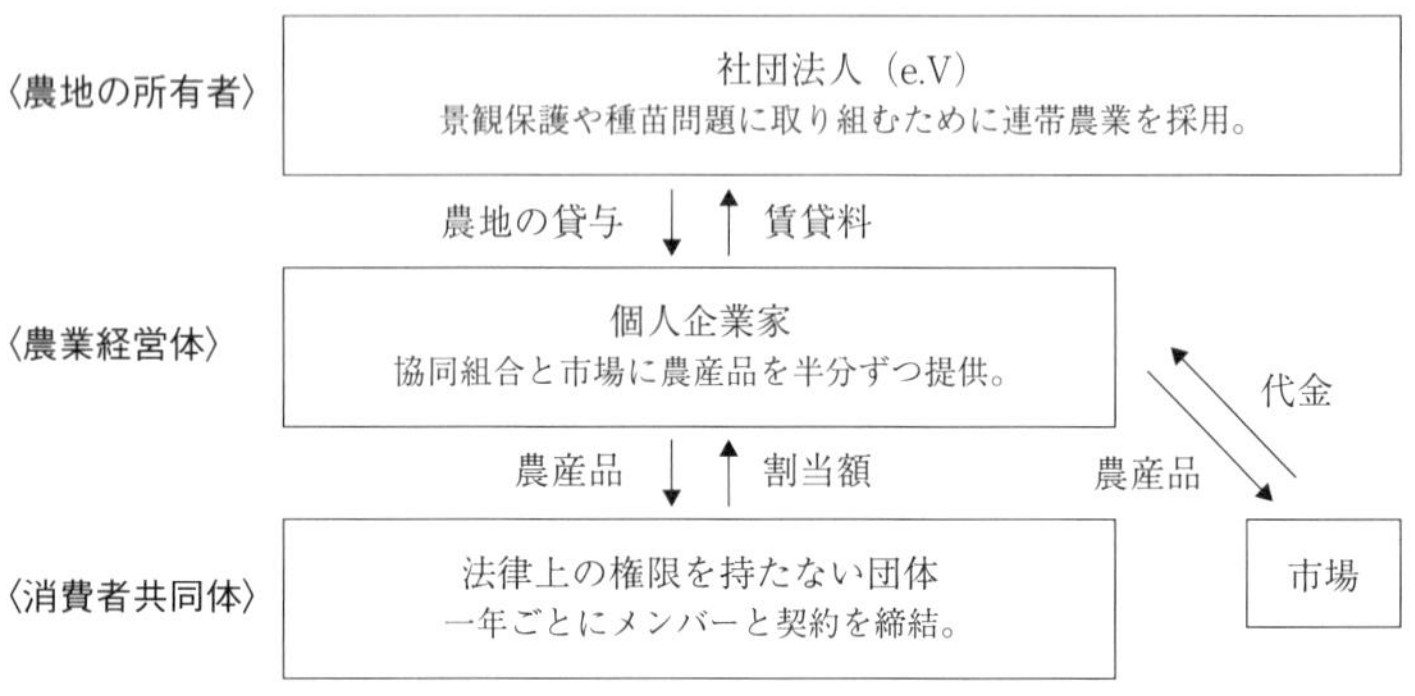

図 3-4　シュパイゼグットの組織構造図

出所：Heintz（2014）p.44 を参考に筆者作成。

（4）シュパイゼグット

ベルリンに農場を構えるシュパイゼグット（SpeiseGut）は、二〇一三年に設立され、当初から連帯農業を導入している。七ヘクタールの農地面積のうち三ヘクタールが畑地（野菜中心）で、二ヘクタールがリンゴ農園であり、養蜂も営んでいる。二人のフルタイム農業従事者（一人は賃労働者）と実習生らで農作業が実施されている。消費者共同体のメンバーは契約によってその年ごとに確定される。農産品の五〇％は連帯農業向けであるものの、シュパイゼグットでは、農業経営体による決定権の保持、独立性、そして農場の発展可能性を維持するために、農産品の商品化も重視されている（図3-4）（Heintz 2014: 43）。

農地は公益事業体（社団法人景観保護連盟（Landsh-caftspflegeverband e.V.））によって貸し出されている。そのため、農業経営体には利益獲得の観点はなく、公益事業体が目指す広報活動や種苗問題を重視することが求められている。農業経営体の法形態に個人企業家が選択されたのは、農業経営体による決定の自由や独立性が重視されたためである。一方で、総会などを通して消費者共同体のメンバーによる一般的な質問・論題が出され、それらに対して丁寧に説明がなされる。補助金なしに農業を営むことが重視されている。また、消費者共同体に生産費の一部を負担してもらうことは重要であると認識しているものの、独立性を理由として出資を求めることはない（Heintz 2014: 43-44）。

シュパイゼグットの連帯農業では、所有者である公益事業体の目的が特に重視されており、消費者共同体に依存しすぎないことを意識した興味深い組織構造になっている。

（5）ランドルフスハウゼン農場

私的所有の農地で連帯農業が取り組まれている事例を最後にみる。一九八八年から存在するニーダーザクセン州のランドルフスハウゼン（Landolfshausen）農場では、二〇一二年から連帯農業が営まれている。五・七ヘクタールの農地では輓馬を利用して野菜が栽培されている。家族経営で、必要に応じてパートタイマーや実習生に手伝ってもらっている。約九〇人分の野菜を提供しており、一人当たり月に五五ユーロが割当額になっている（Heintz 2014: 73）。

ランドルフスハウゼンの連帯農業は、農業経営体というよりも消費者側（トランジションタウ

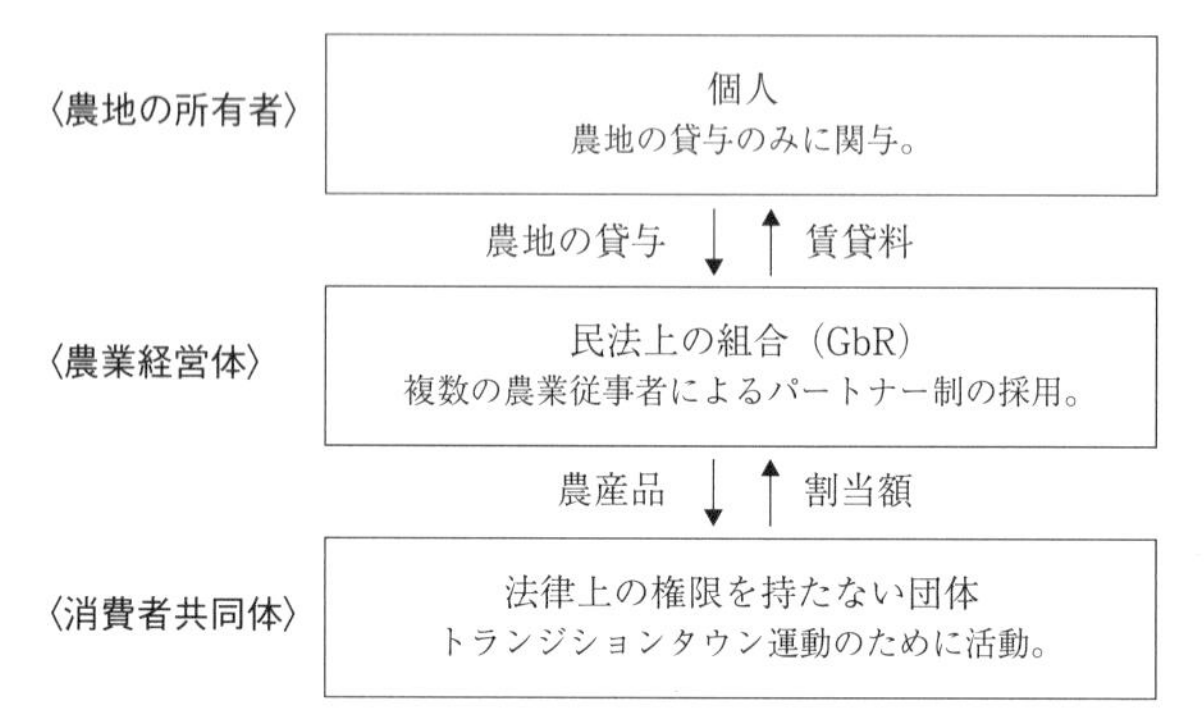

図 3-5　ランドルフスハウゼン農場の組織構造図

出所：Heintz（2014）p.74 を参考に筆者作成。

ン運動に関心を持つ消費者グループ）から生まれた点で、これまで紹介した連帯農場と異なる。原則的な決定については消費者共同体と相談するが、消費者共同体の権限は制限されている。ただしコミュニケーションと透明性が重視されているので、多くの消費者共同体のメンバーは満足している。最終的な決定権は、農業経営体に委ねられている。建築物や農業機械の所有権は農業経営体が有しているが、農地は私有地を借りている。消費者共同体による農場への出資などは想定されていない（図3−5）（Heintz 2014: 73-74）。

連帯農業に転換したことによって農業経営体の資金的な状況が大きく変わったわけではないものの、市場に依存しなくてよくなったために計画性や安定性が増した点に農業従事者らは満足しているという。消費者グループ側には、責任を引き受ける資格を持てることが連帯農業のポジティブな面であると感じられている

(Heintz 2014: 74)。

一方で、ランドルフスハウゼン農場のケースでは、連帯農業を長期的に続けていくのであれば、私的所有の農地を利用していることから、農地の賃貸料が上昇した場合や賃貸を打ち切られた場合にどのように対応するのかを検討しておかなければならない。また、農場のさらなる発展を望むのであれば、農業従事者の私的財産である建築物や農業機械に、または地主の私的財産である農地を豊かにしてくことに消費者共同体のメンバーが資金提供する動機づけが必要となる。この点から、連帯農業は私的所有になじみにくい面があることがわかる。一方で農場の持続性や発展性を重視しないのであれば、私的所有の農地でも連帯農業を営むことが可能であり、このことが連帯農業が広く受け入れられている一因になっていると考えられる。

五　ドイツにおける連帯農業の特徴

連帯農業とは何かを一言で表すとすれば、有機農業を筆頭とする公益事業としての農業を安定的・持続的に営むための方法である。この点を踏まえたうえで、ＣＳＡの一形態としてみたときの連帯農業の特徴を最後にまとめたい。

第二節で記した連帯農業の成立過程から明らかなように、連帯農業は消費者側の要求から生じたというよりは、農業は安定的・持続的に営まれるべきだと考えた人々（バイオダイナミック農法実践者やGLSグループの人々）によって構想された。ここでの農業は人間に生命力を与える良質の農産品の生産を指しており、その活動がもはや経済的な利益を生み出さないとしても常に実施されなければならないと考えられている（グローマックファデン 一九九六、二〇二頁）。農産品が市場で取り引きされるようになり、その市場がグローバル化していく中で、農産品は利潤最大化の圧力を受けるようになった。良質の農産品を生産しつつ農場を経済的に維持するための方法が生産者寄りの人々から模索されたという点が、連帯農業の第一の特徴である。

第二の特徴は、農業を安定的・持続的に営んでいくために、事例によって濃淡はあるものの、農産品を市場で販売すること（農産品に価格をつけること）から距離を置くことが重視されている点である。大規模・資源多投入型の近代農業のように市場での利潤最大化を目指して公益要素を排除・破壊するのではなく、消費者共同体との連帯という別の経済モデルによって公益事業として農業を実現させている。障がい者との協働、環境保全、有機農業、教育、研究などの多様な公益要素を、市場に依存しない連帯農業では実現しうる。利潤最大化ではない原理の農業を補助金に頼ることなく実現させているケースも多い。連帯農業では、利潤最大化は目指されないものの、公益性を長期にわたって実現するために安定的・持続的な経済モデルが採用されており、公益性と経済性とが両立させられている。競争ではなく、経済における友愛が連帯農業の基本原理として考えられている。

連帯農業が成立するためには、農業経営体の事業・生計を経済的に支える消費者共同体の存在が不可欠である。農場の年間予算に応じて消費者共同体のメンバー各人が割当額を負担し、農業の経営リスクを共有する。消費者共同体のメンバーには良質の農産品を入手できるというメリットはあるものの、良質の農産品の入手だけが目的であれば、昨今においては市場で購入することも可能であり、その場合には農業の経営リスクを共有せずに済む。このことからドイツの消費者共同体のメンバーには良質の農産品の入手以外の動機があると考えられ、本章のいくつかの事例からもわかるように多くの場合、それは農地への責任もしくは公益事業としての農業（みんなのためになる農業）を支えることへの責任である。連帯農業に関わる多くの消費者が公益要素を考慮して参加している点が、第三の特徴である。なお、農場への責任・貢献を積極的に果たしてもらえるように、また良質の農産品を分配できるように、連帯農業では農場周辺の人々に関わってもらうことが特に重視されている。連帯農業では場所性が重要で、このことは輸送に伴う農産品の劣化の防止（防腐剤や防カビ剤の不使用）や温室効果ガスの削減にもつながっている。

第四の特徴は、家族農業が理想ではないことを明確にしている点である。ブッシュベルグ農場の事例で登場したグローは、三世代にわたる大家族が雇用労働者を使い一緒に農場で働いていたというような家族農業は今では見られないとしたうえで、「今日の家族農場は、夫婦一組が広すぎる土地と多すぎる動物の世話を自分だけでやりながら、子育てもするという状態だ。こういう方式では、女性に負担がかかり過ぎる。雇用労働者はいないし、いても高くて雇えないので、機械がその代わりをしている。ところが機械と一緒に借金と抵当がやってくる。農場で正しいことをする自由は消えてしまう。家族農場は、もはや理想ではありえない」（グロー・マックファデン一九九六、一六九〜一七〇頁）と述べている。連帯農場では、複数の農場従事者が農業経営体を形成することで、農業従事者の老後も含めたコミュニティの仲間へのケアが構想されている。公益事業としての農業が安定的・持続的に営まれるためには、消費者共同体のメンバーがケアに要する予算が必要なことを理解し、場合によってはメンバー自身がケアに関わることも視野に入れる必要があるかもしれない。グローは、この点を、「自由な個人が自由な土地で協力すること」と述べている。連帯農業では家族農業ではなく目標を同じくする人々の連帯による農業が目指されており、そこでは雇用労働ではなく、自発的な労働が重視されている。このことにくわえて、農地などの相続の問題や資産形成の問題からも、公益事業としての農業と家族農業はあまり相性がよくないと考えられている。

フライカウフという面から連帯農業を整理すると、農業従事者らの生計を含めた農業経営体の年間予算を消費者共同体が負担することによって、農産品を市場で扱われることから自由にする取り組みとみることができる。農地の維持・改善という面も含めて人間の生存に不可欠な良質の農産品の生産・販売をすべて市場に委ねてよいのかという問いが、農産品のフライカウフには含まれている。

最後に、日本のＣＳＡとされている産消提携について触れて、本章を閉じたい。一九七〇年代初めに始まった産消提携にも「経済的利益の追求のために、生態系を無視して『商品』としての農畜産物を生産してきた」（桝潟 二〇〇八、四三頁）という農業従事者の問題意識があった。一方で、日本の場合、「安全な食べ物を手に入れたい」という都市の消費者が運動の中心となっていたことは否めない。産消提携では消費者が生産者より優位な立場にあり、とくに消費者側が市場経済の枠組みを超えられなかったという現実があった（桝潟二〇〇八、七七頁）。消費者側に「スーパーで有機農産品が買える社会にする」という意識があったということからも（波夛野・唐崎編著二〇一九、二五三頁）、産消提携では理念は別として公益事業としての農業を安定的・持続的に営んでもらうという視点が弱かったと考えられる。連帯農業の特徴から判断すると、提携の一〇ヵ条における固定価格による全量買い取りに係る問題をはじめとして（波夛野・唐崎編著二〇一九、二五八〜二六一頁）、良質の農産品を生産してくれる農業経営体を支える方法を発展させられなかったことが日本において産消提携が停滞しＣＳＡが拡大してこなかった理由ではないだろうか。

注

（1）ＣＳＡ運動に関するグローの考え方をまとめた著作が、グロー・マックファデン（一九九六）である。

参考文献

Entrup119のウェブサイト（https://www.entrup119.de/gaertnerhof/die_nutzflaechen.php）。
Heintz, V.（2014）*Solidarische Landwirtschaft*, Morano Verlag Berlin.
Künnemann, R.（N.A.）*Wir gründen einen Solidarhof*, Marianne Presse.
Rüter, T. et al.（2013）*Landwirtschaft als Gemeingut*, Solidarische Landwirtschaft e.V. のウェブサイト（https://www.solidarische-landwirtschaft.org/solawis-finden/auflistung/solawis）。
Wild, S.（2012）*Sich die Ernte teilen...*, Printsystem Medienverlag.
グロー、トゥラウガー・マックファデン、スティーヴン（一九九六）兵庫県有機農業研究会訳『バイオダイナミック農業の創造』新泉社（*Farms of Tomorrow*, 1990）。
波夛野豪・唐崎卓也編著（二〇一九）『分かち合う農業ＣＳＡ』創森社。
ヘンダーソン、エリザベス・エン、ロビン・ヴァン（二〇〇八）山本きよ子訳『ＣＳＡ　地域支援型農業の可能性』家の光協会（*Sharing the Harvest*, 2007）。
桝潟俊子（二〇〇八）『有機農業運動と〈提携〉のネットワーク』新曜社。

第四章　種苗のフライカウフ——種苗基金

野菜や穀物が生るために欠かせないものであるにもかかわらず、種苗について思いを巡らす人は多くない。近代育種が始まる前は、幾世代にもわたる自家採種・選抜を通じて、それぞれの地域の農業従事者が多様な品種を維持・発展させてきた。しかし、品種登録制度や知的所有権保護が種苗の世界に入り込むようになると、種苗の商品化とともに、品種の多様性が急激に失われた。このような状況を反転させるために始められたのが、新しい有機種苗の知的所有権を育種家が放棄することで、誰もが利用可能な有機種苗を普及させようという公益事業体の取り組みである。この取り組みは種苗基金からの助成によって支えられており、種苗基金には啓発活動を通じて種苗の問題を知った多くの市民からの寄付が流入している。種苗のフライカウフは、純粋な商品とされつつあった種苗を人々からの寄付を利用して市場原理から切り離し、生命にとって真に重要なものを守り発展させていくために行われている。

一　日本でも関心が高まる種苗問題

土壌や水や太陽と同様に、種苗は作物を栽培していくうえで欠かすことができないものであるが、少なくとも農業従事者でない人々が種苗について意識することはほとんどなかった。また、日本においては自ら種採りする農業従事者は少数派である。しかし種子法や種苗法の改正にともなって、日本でも種苗の重要性が話題にされることが増えている。本章では、以下、種苗（特に有機種苗）におけるフライカウフの取り組みについてみていく。

まずは日本の状況を確認しておきたい。二〇二〇年一二月二日に成立した改正種苗法が二〇二一年四月一日から施行され、二〇二二年四月一日からは登録品種の自家増殖が許諾制となった。これまで農家の自家増殖は原則認められていたが、登録品種のなかで自家増殖が許されない禁止品目が年々増えていく状況があった（農山漁村文化協会編 二〇二〇、二三頁）。育種家の権利を保護する流れが強まるなかで、今回、自家増殖するという農民の権利を制限する方向性をもつ改正案が施行されることになった。

農林水産省は、「現在利用されているほとんどの品種は一般品種（登録外品種）であり、今後も自由に自家増殖できる、許諾が必要になるのは登録品種のみである」と説明している。一方で、登録品種を栽培しているサトウキビ農家や果樹農家への、自家増殖禁止や許諾料の高騰によって生じるであろう経済的負担の大幅な増加が危惧されている（山田二〇二一、一五七〜一五八頁）。また、長年自家増殖をしてきた有機農家だからといって安心できるわけではなく、登録品種を伝統的な在来種だと思い込んで栽培しつづけていた場合、突然刑事告訴され、また、民事の莫大な損害賠償請求訴訟を起こされないとは限らないという[1]（山田二〇二一、一五九〜一六〇頁）。

日本の場合、第二次世界大戦後の食料不足や種苗の品質低下という事情を受け、米・麦・大豆などの主要作物の良質な種苗を国が責任をもって確保し安価に農家に提供するために、一九五二年に種子法が制定された（西川二〇一七、二二〜二五頁）。種子法は二〇一八年四月に廃止されたが、種子法にはポジティブな評価とネガティブな評価がある。種子法の存在が間接的に都道府県の品種開発努力を促し、多くの品種が供給されてきたこと、そして、それらの品種を農家が安価に入手できたことがポジティブな評価である（西川二〇一七、一一三頁）。一方で、農家が品種を選んでいるのではなく、農政によって流通の都合を中心とした品種誘導が行われたのではないかという批判がある。農政による品種誘導の中で自家採種が一般的でなくなり、農家と品種の関わりが消えていったのではないかという指摘である（西川二〇一七、一一五頁）。ここでは、①日本においては野菜を除く主要作物で公的育種の役割が大きかったこと、②公的育種であっても偏向性があり[2]、種苗に関する国への過度の依存という点と併せて、公的育種が常に望ましいものであるわけではないことを確認しておきたい。少なくとも、有機種苗の育種に国は関わってこなかった。

日本においては、有機種苗の育種は、有機農家が担ってきた。たとえば日本有機農業研究会における自家採種運動の発端は、埼玉県の霜里農場で一九八二年に開催された関東地区種苗交換会である。開催の理由は、①それまで有機農業を行ってきた経験から農薬や化学肥料の使用が前提となっている交配（F_1）品種ではうまく育たないこと、②種を採ることができず毎年購入しなければならないF_1品種は、経費がかかるだけでなく、生産活動の根本を種苗会社に握られていることになり、農家の自立という観点からすると大きな弱みになることであった（西川編 二〇一三、六五～六六頁）。その後、登録制ではあるものの、日本有機農業研究会の種苗部が蓄積してきたデータや冷凍保存している種子などを会員に有効活用してもらい、会員による自家採種活動をより活発化させていくために、二〇〇二年に種苗ネットワークが発足している。種苗ネットワークでは、有機種子の頒布が定期的に実施されてきた（西川編 二〇一三、七一～八〇頁）。

そのほかにも自然農法国際研究開発センターが有機農業向けの種苗を販売したり、有機農家同士の種苗交換会が各地で開催されたりしており、限られてはいるものの、日本において有機種苗を入手することは不可能ではない。しかし、次節で述べるような世界的な知的所有権の保護強化の流れが加速し、日本でも種苗法が改正されていくなかで、新たな法的枠組みにおいてこれまでのような種苗交換や自家増殖が困難になる可能性が高まっている。[4] 実際、日本に先行して知的所有権保護が強化されてきたＥＵ加盟国では、種苗の品質保持を理由に在来品種も含めて登録品種以外を市場に流通させることが禁じられている。登録には巨額の審査料が必要であるため、登録品種は大手の種苗会社が開発した品種に偏り、農家が営々と自家採種して守ってきたような固定種は厳しい立場に置かれている（西川編 二〇一三、一〇四頁）。

本章では、日本と同様の状況に直面するなかで有機種苗の育種・普及に関して先駆的な取り組みを実施してきたドイツの事例を参考に、種苗は誰のものなのか、誰が育種家を支えるのかといった視点から、種苗のフライカウフを中心に、有機種苗をめぐる問題を考察する。

二　育種をめぐる動向――種苗の囲い込みと商品化

何千年もの間、それぞれの地域に適応した多種多様な種苗の品種（基本的にすべて固定種）が、それらの地域の農業従事者たちの選抜によって生み出され維持されてきた。しかし、近年、劇的な品種の喪失が生じている。国連食糧農業機関（ＦＡＯ）の二〇〇四年のファクト・シート「What is Agrobiodiversity?」によると、この一〇〇年間で、すべての農作物の品種の約七五％が姿を消したという。たとえばアメリカでは、一九〇〇年以降に九〇％の野菜や果物の品種が失われたとされている。いまやアメリカの広大なトウモロコシ畑の七一％では六品種のトウモロコシだけが育てられている（Wirz et al. 2017: 17）。

一九世紀半ばにメンデルの法則が発見されると、育種に科学的な手法が採り入れられ、近代育種が始まった。新しい品種を生み出すことに興味を持った農家が多くの場所で現れ、育種を競うようになった。しかし、発芽率が悪かったり表記通りの形質を有していなかったりと取り引きされる種苗の品質が問題になった。ドイツでは、ほどなくして種苗市場の規制が始まり、品質コントロールセンターが設立され、品種登録や品種保護の手続きが整えられていった。そして、それらのことが品種登録制度の誕生につながった（Kotschi et al. 2021: 3）。

品種管理のための制度の誕生が、育種や農業に重大な影響を与えるようになる。一九六〇年代初期、新品種保護を実現しようとする強力な運動がヨーロッパで展開され、一九六一年一二月に育種家の権利が確立された。民間の育種家は初めて自分たちの開発した新品種に対する許諾料を受け取り、また、自分たちの育種した品種の流通をコントロールできるようになった（ムーニー 一九九一、六六頁）。品種登録制度は、作物の画一化を促した。というのは、ある品種の種苗を販売するためには、前もってその品種が登録されていなければならず、たとえ育種家の権利を主張しないとしても、登録のためには一定の品質（特に均質性）が確保される必要があるからである。つまり、品種登録制度の導入によって、同定可能な品種以外の流通が困難になり、結果として登録外品種の多くが失われていった（ムーニー 一九九一、九五頁）。そして、育種家の権利や品種登録制度が、民間企業に種苗市場を支配する機会を与えることになった。

民間の種苗企業にとって都合のよい育種は、F_1品種の育種であった。というのは、F_1品種であれば新規性や均質性を確保するのが容易なことに加え、自家増殖しやすい穀物類であっても農家に毎年種苗を購入させることができるからである[5]。この流れで特に重要なのは、化学肥料や農薬の使用を前提とした高収量品種（いわゆる「緑の革命」品種）の世界的な急拡大で、従来の種苗会社を合併・買収しながら化学系多国籍企業が本格的に種苗市場に参入してくるきっかけとなった。食料増産を掲げる各国政府による後押しも加わりF_1品種の使用が広がると、それまで農家が自家増殖して育ててきた品種（多くが固定種）が農場で植えられなくなり、品種の多様性が急速に失われた。一方で、多国籍種苗企業は、F_1品種の育種素材となる固定種を世界中から収集し、企業のジーンバンクで厳重に管理しはじめた。このような経緯のなかで、それまで誰もがアクセス可能であった種苗が私有化されるようになっていった（囲い込まれるようになっていった[6]）（Wirz et al. 2017: 18）。

ヨーロッパでは世論の反対が強くほとんど導入されていないが、アメリカでは遺伝子組み換えされた品種が一九九六年に初めて市場に流通した。現在ではトウモロコシ、大豆、菜種、綿などで遺伝子組み換え品種が広範に栽培されているが、除草剤耐性と害虫耐性の二種類の遺伝子組み換え品種しか商業化されていない。開発された組み換え遺伝子には特許が付与されており、モンサントをはじめとする多国籍種苗企業には包括的な知的所有権保護が適用されている[7]。そのため、農家が自家増殖することや遺伝子組み換え作物を育種素材とすることは禁止されている。ドイツでは遺伝子組み換え作物と同様に、ゲノム編集された品種の承認手続きが世論の反対によって阻止されている。ゲノム編集された品種は表記なしで流通する可能性が高いため、流通が実現した場合、知らないうちに交配し有機種苗が遺伝子汚染され、特許侵害で有機農家が訴えられる可能性がある（Wirz et al. 2017: 19–20）。

以上、育種をめぐる動向を簡単に振り返ってきた。近代育種が開始されて以降、人口問題と相まって、収量の増加に主要な焦点が当てられてきた。しかし高収量品種の多くは化学肥料や農薬の使用を前提としていたので、結果として土壌の劣化や環境汚染や健康被害をもたらしている。また、高収量品種をはじめとする少数の品種が広範に耕作されることになった結果、品種の多様性が減少し、生態系の劣化が生じた。最後に、多国籍種苗企業による過度の寡占にふれておきたい。上位三社で国際的な市場シェアの六〇%以上が占められており、食料の源である種苗を特定の企業に依存せざるをえなくなりつつある状況を問題視する声が強くなっている。多国籍種苗企業は知的所有権保護の制度を利用しながら、種苗を私有化・商品化し、自分たちが生み出した品種を農業従事者たちが購入せざるをえないような状況をつくりだそうとしている。

三　クルトゥールザート

ヨーロッパの農業先進国、とくにオランダでは通常の種苗業者への過度の依存のために自家採種が行われなくなり、在来の固定種がほとんど失われた（西川 二〇一〇、六五〜六七頁）。しかし、その隣国ドイツでは、市場規模が小さいために種苗産業が参入せず公的育種にも見捨てられた有機種苗の分野で先駆的な取り組みが起こった。まずは、F_1品種の急速な普及に危機感をもった複数の野菜の有機農家（バイオダイナミック農家）が一九五〇年代から在来の固定種を意識的に自家採種しつづけ、一九八五年には有機種苗の育種に関するサークルを設立した。このサークルが母体になって一九九四年に誕生したのが、本節で紹介する公益事業体の社団法人クルトゥールザート（Kultursaat e.V.）である（Klaedtke 2019: 2）。日本に先駆けて知的所有権保護が強化されてきたEU加盟国下でのクルトゥールザートの取り組みは、有機種苗の育種をシステムとして確立する際に非常に参考になる。

クルトゥールザートの育種では、F_1品種を使用せず、放任受粉品種のみを使用する。そのため、開放受粉集団改良方式（Open-Pollinating Population improving system: OPP）が一般的である。OPPでは、同じ品種や同じ個体群の内での自然に任せた交配がなされ、その後の選抜によって目的の特性を有した種苗が生み出されていく。F_1品種とは異なり、放任受粉品種の個体群には多様な遺伝子が含まれているため、品種特性の均質性を確保することが難しい。品種登録に必要な均質化を実現するためには選抜を繰り返す必要があり、登録品種を生み出すのに時間がかかってしまうという面がある（西川・根本 二〇一〇、八三〜八四頁）。ＯＰＰの採用のほか、有機種苗の基準を満たすこと、その種苗がさまざまな環境下でも一定の収量をあげられること（環境適応性）、そして栄養面やおいしさを向上させることが、クルトゥールザートが育種において特に重視している点である（Klaedtke 2019: 3）。

クルトゥールザートの育種ネットワークは、二二農場の三〇人の育種家によって構成されている。農場のほとんどはドイツだが、スイスとオランダにもネットワークが広がっている。クルトゥールザートの予算規模は、二〇一八年度で約一六〇万ユーロである。各農場での育種資金を公益事業体であるクルトゥールザートが支援している。育種家は資金を受け取ることができる反面で、育種で生み出した品種の法的な所有権をクルトゥールザートに譲渡することになっている。その後、クルトゥールザートは所有権を譲渡された品種を登録したり維持したりする費用と責任を負う（Klaedtke 2019: 3）。

クルトゥールザートがこのような特殊な方式を採っているのは、登録品種しか流通・商業栽培できないという現行制度下で、有機農家を支援し、同時に品種の多様性を豊かにしていこうと考えているからである。多様性を増していくためには、自家増殖できる種苗を農家ができるだけ自由に入手可能でなければならないため、クルトゥールザートはＯＰＰを通じて固定種のみを育種するほか、品種を登録するものの、知的所有権から生じる許諾料を徴収しないことにしている。クルトゥールザートは種苗を文化財として捉えており、何千年にもわたって多くの人々によって紡がれてきた種苗を囲い込む（私有化する）べきではないと考えている。

クルトゥールザートがもう一つ共有しているものが、種苗に関する知識である。提供した品種の特性や栽培技術や自家増殖に関する情報を、ウェブサイトなどで常に公開している。この姿勢は、種苗とともに知識をも囲い込もうとする多国籍種苗企業と対照的である。クルトゥールザートは研究室の専門家が育種に関わるのではなく、農家が同時に育種家にもなって、種苗に関する知識の担い手となるべきだと考えていて、そのための支援も実施している（Glotzbach 2020: 16–19）。一九九四年の設立以来、クルトゥールザートは三七作物一一〇品種を登録し、ドイツだけでなくＥＵ加盟国の有機農家に有機種苗を提供している（Klaedtke 2019: 2）。

四　オープンソースシーズライセンス

クルトゥールザートをはじめとする公益事業体によって生み出された種苗のほとんどは、知的所有権を気にすることなく誰もが無条件にアクセスできる形（オープンアクセス）で提供されている。しかしこの方法では、それらの有機種苗の利用者がその種苗を育種素材として利用し、新たに生み出された品種を私有化する可能性があった。つまり、「コモンズはつくられたが、保護されていない」という状況が生じていた。この状況を変えるためにドイツに拠点を置く社団法人のアグレコル（Agrecol e.V.）が中心的な役割を果たしながら、クルトゥールザートを含む異分野提携のワーキンググループによって二〇一二年から検討がはじめられたのが、オープンソースシーズライセンス（Open Source Seeds License: OSSL）という新しい考え方だった（Kotschi et al. 2018: 2）。

オープンソースはコンピューター科学の分野で誕生した用語で、一定の条件下でのソフトウェアコードへの自由なアクセスを意味する。誰でもアクセス、利用、改編可能なフリーソフトウェアで構築されたオペレーティングシステムを開発したリチャード・ストールマンらは、一九八五年にフリーソフトウェア財団を設立し、フリーソフトウェアライセンスの枠組みをつくった。このライセンスは著作権（コピーライト）法の行使（知的所有権の囲い込み）に代わる方法として考え出されたもので、ストールマンはそれをコピーレフトライセンスと呼んだ。コピーレフトライセンスは、作者が「作品の複製を受け取る人全員に対して、複製したり翻訳したり配布したりする許諾を与え、その結果生じた複製や翻案にも同じライセンス合意を求め」ることを認めるとしている（リフキン二〇一五、二六六〜二六七頁）。

フリーソフトウェアが社会に受け入れられていくなかで、コピーレフトライセンスの枠組みを種苗の分野に適用できないかと考える人々が現れはじめた。つまり、種苗を誰もが自家増殖し、育種に使うことができ、同時にどの利用者にも将来の種苗の所有者に自身と同じ義務を負ってもらうようにするというライセンスである。このコピーレフトライセンスの考え方によって、オープンアクセスであった有機種苗を法的に（強制力のある形で）私有化から守る道が拓かれることになった（Kotschi et al. 2018: 3）。

議論を重ねたうえで二〇一六年に公表されたＯＳＳＬのルールは、次の三文によって構成されている。①誰もがオープンソースシードを育て、増殖させ、育種してよい。くわえて、現行法の枠組み内で、その種子やそれから育種された種子を販売したり、交換したり、贈与したりして構わない、②その種子とそれから育種された種子を私有化することは誰にも許されない（したがって特許や品種保護は排除される）、③すべての受取人は、その種子とそれから育種された種子の将来の利用者に対して、自身と同じ権利と義務を移転する。ＯＳＳＬの特徴は、種子そのものだけでなく、このライセンスの下で生み出されたすべての派生物にルールが適用される点である。このルールの鎖が無限に伸びていくことによって、公共財が私有化されることがなくなる。ライセンスの違反者は、その種子とそれから育種された種子の利用権を失うとともに、利益を得ていた場合には支払いを求められる可能性がある（OpenSourceSeeds のウェブサイト）。

受取人は、オープンソースシードを販売したり、交換したり、贈与したりする場合には、ルールを包装に印刷するなどして、次の受取人に対してＯＳＳＬの内容を必ず知らせなければならない。くわえて、受取人がさらなる育種や交配によってオープンソースの品種を開発することを計画している場合には、遺伝資源へのアクセスと利益配分について規定している名古屋議定書（生物多様性条約の枠組みの下で、二〇一〇年に採択され、二〇一四年に発効した）が関係してくる。名古屋議定書では、育種過程に関する詳細な文書の作成が必須とされている。種苗の利用者は、アクセスの時期と場所を記録し、必要に応じて、アクセスと利益配分に関する権利と義務の有無も調べる必要がある。したがって、名古屋議定書は、ＯＳＳＬを遵守させるための強力な手段となっている(8)（Kotschi et al. 2018: 4）。

ＯＳＳＬでは遺伝子工学の技術の使用を理論上排除できない。ただし、遺伝子工学の研究には莫大な費用と時間を要するため、知的所有権保護を放棄するＯＳＳＬの下で遺伝子工学の技術が使用されることは事実上ないと考えられている（OpenSourceSeeds のウェブサイト）。

五　種苗基金

有機種苗の育種が長い間、一部でしか実施されてこなかった最大の理由は、育種費用の資金調達が困難だったことにある。バイオダイナミック農家は種苗の重要性を意識し、早期から有機種苗の育種に取りかかっていたものの、一般の農家や人々の種苗への関心が低いなかでは有機種苗の販売で利益をあげることは困難だった。そのため、有機種苗の維持・増殖・育種は資金面で壁に直面していた。このような状況を変えるために、GLS信託財団の役員であったアルベルト・フィンクと包装会社の経営者であったディルク・リュッケの二人が私財（約七万ユーロ）を投じて一九九六年に設立したのが、種苗基金（Saatgutfonds）であった。この基金が種苗（とくに有機種苗）のフライカウフを可能にしている。なお、種苗基金は、GLS信託財団のなかに二〇〇〇年に新設された未来基金（農業）に組み込まれ、現在に至っている。(9)

二〇〇七年に種苗基金の広報誌に掲載された二人へのインタビューで、設立の意図が語られている（Zukunftsstiftung Landwirtschaft 2007: 1-3）。フィンクの念頭にあったのは、種苗は本来誰のものかという問いだった。人類全体の財産が少数の大企業の手に握られつつあって、未熟な段階の遺伝子工学の急速な発展を通して、ますます寡占が強まっているという危機感があった。このことに対抗するために、各地域で長年にわたって育てられてきた品種（とその品種に関する知識）の発展を支援すること、そしてそのために一般の人々の意識を目覚めさせることが必要だと考えた。一方、リュッケは生命の源である種苗との付き合い方が変わり、育種が工業化されつつあることを懸念していた。多様性の喪失はもちろん、画一化された種苗の栄養分の少なさや迫りくる気候変動などへの適応力の低さも問題であった。種苗を生命あるものとして扱うのではなく、育種の素材としてだけ扱うような実験室での育種のあり方にも強く反対した。このような考えから、二人は利潤最大化や画一性を目指す育種ではなく、多様性、栄養、味、環境適応性を重視する有機種苗の育種を資金的に支援しながら、一般の人々が種苗のことを考えるようになるきっかけをつくるために種苗基金を設立したという。リュッケは「本来、子どもの教育に匹敵するくらい、育種は社会的・文化的な任務である」と述べている。

種苗基金の目的は、遺伝子工学・特許・独占がない有機農業のための独自の育種を実現することとされている。有機種苗の新たな品種を生み出すためには、六〇万ユーロ以上、一〇〜一五年の期間を要する。このような育種や研究を支援するために、一般の人々から寄付を募っている。種苗基金の特徴は、基金の運用益からではなく、毎年集められる小口の寄付から助成金を主に捻出している点にある。すなわち、種苗基金の理念に共感してくれる人々や企業との関係の保持・向上と、新しい支援者の獲得が、有機種苗育種の発展のために必要になる。このために、次節で紹介する啓発活動に加えて、年に二回広報誌を発行し、種苗をめぐる問題や有機種苗の意義などを伝えている。二〇〇〇年度に一八万五〇〇〇ユーロだった種苗基金への寄付額は、二〇〇八年度に約五〇〇万ユーロに達し、二〇一四年度に初めて一〇〇万ユーロを超えた。その後も年に一〇%前後の増加率を続け、二〇一八年度には約一五〇万ユーロの寄付額になっている（二〇二〇・二一年度も約一五〇万ユーロ）。助成を受けた育種によって、約二〇年間に一〇〇を超える野菜の品種と五〇あまりの穀物の品種が登録され、主に有機農家によって利用されるようになっている。一方で、ドイツでは有機栽培の八五～九〇%で未だに有機種苗ではない種苗が使用されている。作物の種類や農家の希望する特性によっては適当な品種の有機種苗が存在しないことが原因の一つとなっている。(10)

種苗基金からの助成を受けていたとしても、すでに登録した品種を維持・増殖させながら有機種苗の育種を続けていくのは簡単なことではない。たとえば種苗基金の主要な助成先であるクルトゥールザートの場合、二〇一八年度でみると、総収入約一六〇万ユーロの約三五%が種苗基金からの助成金で、最大の収入源となっている。(11)そのほかの財団からの助成金を含めると、財団からの助成金に約半分を頼っていることになる。しかし、財団からの助成金だけでは育種できる規模に限界が出てきたため、最近になって、助成金以外での資金調達が議論されるようになってきた。(12)クルトゥールザートの場合、自然食品店をはじめとする流通に関わる企業から、その企業で扱っている品種の維持という名目で、自発的な支払いを受けている。[13]

六　SOS[14]

有機種苗の育種を発展させていくためには、一般の人々の種苗に対する意識を高めていくことが必要だという認識が広がりつつある。OpenSourceSeeds は、人々に関心をもってもらうために、オープンソースシードの品種で焼いたパンを複数のベルリンのパン屋で提供してもらっている（OpenSourceSeeds のウェブサイト）。また、消費者とのコミュニケーションのために始められたクルトゥールザートによる「特徴をもった野菜」（Gemüse mit Charakter）の取り組みは、クルトゥールザートの育種した品種の味を知った消費者が有機農業について関心を持ち、さらに種苗の問題を知るきっかけとなっている。[15]

本章で取り上げた各団体でも個別に啓発活動を展開しているが、本節では、種苗に関連した啓発活動に特化した Save Our Seeds（SOS）という取り組みを以下で詳しく紹介する。SOSは、種苗基金を運営している未来基金（農業）のイニシアティブで展開されている。ロビーイングのための事務所がGLS信託財団によって二〇〇二年にベルリンに置かれ、ここがSOSの業務を担っている。

一九九八年、欧州委員会はモンサントの遺伝子組み換えトウモロコシであるＭＯＮ８１０を認可し、ＥＵ域内での商業栽培を可能にした。そのうえで、二〇〇二年以降、大手種苗企業は欧州委員会の支援を受けながら、さまざまな作物の従来種苗を対象に、新種苗指令（Seed Directive）に基づく表示閾値の導入を試みてきた。遺伝子組み換え作物は、交雑により、遺伝子組み換えでないはずの農場でも繁殖する可能性がある。表示閾値が導入された場合、農業従事者や食品生産者は、表示規制を遵守するために、すべての製品について遺伝子組み換え作物の混入の有無を検査しなければならなくなり、莫大な負担を強いられることになる。そのため、遺伝子組み換え汚染に対する表示閾値を設定することは、遺伝子組み換えのない農業の事実上の終焉となるというのがＧＬＳグループの認識であった。

この認識に基づいて始められたのが、ＳＯＳ請願である。請願では、遺伝子組み換え作物の導入が望ましいか否かにかかわらず、非遺伝子組み換え種苗を厳格な純粋性のまま維持すること（ゼロ・トレランス）が要求されている。ＳＯＳ請願は、新種苗指令の最初の草案が提示された二〇〇二年四月に開始された。二〇〇二年一〇月には、八万を超える署名と賛同団体の長いリストが欧州委員会に手渡された。さらに二〇〇四年五月には、欧州の三〇〇団体の名前と二〇万人の署名が記されたＳＯＳ請願書が欧州委員会に提出された。その後も欧州委員会は表示閾値を定めるべきだと主張しているものの、新たな提案はなされないまま現在に至っている。

この請願をきっかけに誕生したSOSでは、その後、遺伝子工学、維持可能な農業、食料主権に関する議論を中心に、国際的な視野を盛り込んだ数多くプロジェクトが展開されるようになっている。このことに伴い、SOSの目的も、遺伝子組み換え作物による汚染を防止することだけでなく、より環境的に維持可能で社会的に公正な農業の支援や農業の未来のモデルとしての有機農業の発展促進などに拡張されている。総じて、農業が直面している課題の大きさについて、一般の人々の認識を高めることが目指されている。

SOSは遺伝子工学に関する情報を広く提供しており（共同編集者としてInfodienst Gentech-nikという取り組みに関わっている）、これが遺伝子工学に批判的な運動の共通の情報源となっている。現在は「ストップ遺伝子ドライブ・キャンペーン」にも取り組んでおり、ここでは遺伝子ドライブに関する基本的な情報の提供だけでなく、遺伝子ドライブ技術に関する政治的・社会的対話の促進が目指されている。また、非核兵器地帯運動に触発されて一九九九年に誕生した「遺伝子組み換え作物フリー・ヨーロッパ」（GMO free Europe）の取り組みでは、二〇〇五年にベルリンで第一回遺伝子組み換え作物フリー地域会議が開催され、欧州中から二〇〇人以上が集まった（NGO関係者だけでなく、自治体関係者、農業従事者、科学者、環境活動家なども参加した）。それ以来、遺伝子組み換え作物を使用させない地域運動は拡大していった（欧州全土の二九〇以上の地域、五〇〇〇のコミュニティ、数万の農業従事者が、それぞれの地域を遺伝子組み換え作物不使用地域と宣言している）。それぞれの経験を共有し共通のアプローチについて話し合うために定期的な会議（通常二年に一度）が現在も開催されており、その事務局をSOSが担っている。

SOSは各種の取り組みを通じて企業、政治家、科学者、農業従事者、市民を結びつけようとしており、実りある対話と持続可能な変革のための種をまくことに取り組んでいる。以下では、SOSの現在の取り組みのなかで本書の内容と特に関わりが深くまた興味深いものを三つ紹介する。

（1）バンタム・トウモロコシ・キャンペーン

遺伝子組み換え作物に対する広範な反対運動もあり、EU域内で商業栽培することが可能な遺伝子組み換え作物は、一九九八年に認可されたMON810のみであった。二〇〇五年一二月、ドイツの連邦品種庁は、MON810系統の遺伝子組み換えトウモロコシ三品種の無制限栽培を初めて認可した。ドイツでは約一七〇万ヘクタールにトウモロコシが植えられているが、遺伝子組み換えトウモロコシが二〇〇六年には九四六ヘクタールで栽培され、翌年には二六八五ヘクタール（一七四ヵ所）で栽培されるようになった。

遺伝子組み換えトウモロコシの栽培面積の拡大に対する「無駄な抵抗」と当初見られたキャン

ペーンは、SOSの一環として二〇〇六年に始められた。バンタム・トウモロコシ・キャンペーン（Aktion Bantam-Mais）では、伝統的な固定種（ゴールデン・バンタム品種）をドイツのできるだけ多くの場所で栽培することが提唱されている。ゴールデン・バンタム品種は、一九〇二年に黄色いスイートコーンとして初めて市場に導入された品種である。固定種であるため、F_1品種や遺伝子組み換えトウモロコシとは異なり、収穫した穀粒を翌年に蒔くことができる。つまり、種苗を毎年購入する必要がない。遺伝子組み換え品種が導入されつつあり、またF_1品種が世界中のトウモロコシ市場を支配している現状において、バンタム・トウモロコシ・キャンペーンは、再び蒔くことができる品種を求める大衆抗議運動として企画された。

新鮮なスイートコーンを食せること、種苗を毎年購入しなくてよいことに加えて、このキャンペーンにはさらに重大な狙いがある。収穫する穀粒を翌年以降に蒔くのであれば、固定種の性質を維持するために、交雑を防がなければならない。トウモロコシの花粉は遠方まで飛ぶため、近隣（一キロメートル圏内）におけるトウモロコシ栽培について詳しく知る必要が出てくる。交雑を避けるという「正当な利益」を証明しそれに対応する情報申請書を提出すると近隣のトウモロコシ栽培者の個人情報を要求できるという制度があり、この要求が認められれば誰がどのようなトウモロコシを栽培しているかを知ることができる。つまり、ゴールデン・バンタム品種を植えることで遺伝子組み換えトウモロコシの栽培場所や栽培者を特定できる可能性があり、このことによって遺伝子組み換えトウモロコシの栽培を思いとどまらせる効果が期待された（そのため、このキャンペーンでは、農業従事者に対してだけでなく、庭やバルコニー、テラスがある人なら誰でも参加してほしいと呼びかけられた）。このキャンペーンの影響がどの程度だったのかは定かではないが、二〇〇九年にはドイツでの遺伝子組み換えトウモロコシの栽培は許可されなくなった。しかし、再び許可される可能性は残されている。

二〇〇六年以降、農業従事者、家庭菜園やベランダの所有者たちは、ドイツ国内の何万もの場所で、ゴールデン・バンタム品種（最近では、ゴールデン・バンタム品種以外の固定種の品種も含む）を植え、楽しみ、増殖させ、交換している。遺伝子組み換えトウモロコシが栽培されなくなったにもかかわらずキャンペーンが続けられているのは、固定種が栽培されているところでは遺伝子組み換えトウモロコシを導入しづらくなるためである。また、このキャンペーンに参加する全員が遺伝子組み換えでないトウモロコシの収穫を望む人々のコミュニティを強化するからであり、参加者が多ければ多いほど、種子の数も増え、議論や注目度も高まると考えられているからである。

（2）　世界農業報告書

二〇〇八年に取りまとめられた世界農業報告書（正式名称は、『開発のための農業科学技術国際評価』（*International Assessment of Agricultural Science and Technology for Development*）は、国連と世界銀行の委託を受け全大陸から参加した広範な学問分野の四〇〇人以上の科学者が、世界の農業の歴史と未来に関する知見を四年以上の歳月をかけてまとめた報告書である。この報告書では、「農業知識・農業科学・農業技術の生成・アクセス・利用を通じて、どのように飢餓と貧困を削減し、農村の暮らしを向上させ、公平で環境的・社会的・経済的に維持可能な発展を促すことができるか」という問いに答えることが最大の課題とされ、詳細な検討の結果、「従来通りのやり方を続けるという選択肢はない」（Business as usual is not an option.）という明確なメッセージが示された（Beck et al. 2016: 1–2）。

ＳＯＳとしては、二〇〇三年から監事として協力するとともに、世界農業報告書の内容を小冊子やインターネットで紹介してきた。啓発活動という意味で特に重要なのは、世界農業報告書の取りまとめから八年後に出版された小冊子（*Wege aus der Hungerkrise*（英語版は *Agriculture at a Crossroads*））である。二〇〇〇ページに及ぶ世界農業報告書の内容のうちから重要なメッセージと勧告を選り出し、アップデートした情報とともに五二ページにまとめ直している（小冊子は電子データであれば無料で入手できる）。主要な論点がわかりやすく紹介されているため、幅広い読者が世界農業報告書のメッセージを受け取ることができるようになった。あわせて、ＳＯＳは世界農業報告書に関する講演会を全国で開催しており、エコロジカルな農業の実現に向けての考察、対話、行動の喚起に取り組んでいる。

以下では、本章と関連が深い部分の小冊子の内容を簡単に紹介していく。

まず指摘されているのは、農業の近代化によって一人当たりの穀物生産量が増加したにもかかわらず、飢餓や貧困が蔓延しているという事実である。一九六四年の世界人口は三二億人で世界全体の穀物生産量は九億トンだった（一人当たりの穀物生産量は、二八一キログラム）。これに対し、五〇年後の二〇一四年の世界人口は七二億人で世界全体の穀物生産量は二五億トンだった（一人当たりの穀物生産量は、三五二キログラム）。一九九六年にローマで開催された世界食糧サミットで、各国首脳は二〇一五年までに飢餓に苦しむ人々の数を四億二〇〇〇万人まで半減させることを誓った。しかし未だに八億人を超える人々が慢性的な栄養不足に陥っている。飢餓人口の七〇％以上が農村部に住んでいる。世界農業報告書の中心的なメッセージは、飢餓は主に農村部の問題であり、長期的には地域でのみ克服できる問題であるということである。したがって、可能な限り、食料を地域で自給することが重要である（Beck et al. 2016: 4）。

一九八〇年と二〇〇〇年を比較して、農家出荷価格は大豆やトウモロコシで五〇％ほど、コーヒーやココアで一〇〇％ほど下落しているにもかかわらず、小売価格ではそれぞれ二〇〇％以上高騰している。この現象は、世界市場での加工業者や小売業者の寡占によって生じている。多くの途上国の政府や地方のエリートたちは、国民に食料を供給したり、国内市場や農村地域の発展を促進したりするよりも、農産物の輸出によって外貨や税収を得ることを第一の目的としていることが多い。世界農業報告書は、後発開発途上国と農村部の貧困層が、世界貿易とその自由化によってもたらされる敗者であると指摘している。このことは、後発開発途上国の食料輸入額が増加しつづけていることからも明らかである（Beck et al. 2016: 12–13）。

農業知識・農業科学・農業技術の評価が世界農業報告書の主要なテーマであるが、農業の近代化に対する評価は極めて手厳しい。世界農業報告書では、過去五〇年間の食料生産の増加は技術移転モデルによって実現されたと指摘されている。技術移転モデルでは、科学的機関が課題を設定し、それに対する技術的解決策を開発する。そして解決策は、農業改良普及員らによって、各地の農業従事者に伝達される。現在では公的研究機関に代わって多国籍企業が、科学的機関の役割を担うようになっている。技術移転モデルは生産性の向上に重点を置き、成功は収益率（研究に費やした金額あたりの経済的収量）で測られる。そのため、市場経済の観点から直接測定できない要素（環境、健康、農地の肥沃さなど）は評価されない。結果、伝統的な農業知識・農業技術は軽視される一方で、遺伝子工学に代表されるハイテク分野に巨額の投資がなされるようになっている（Beck et al. 2016: 40–41）。

多国籍企業は、二つの特性（除草剤耐性と殺虫毒素保有）の遺伝子組み換え作物に多額の資金を投入し、除草剤使用を前提とした大規模農業の拡大により多額の利益を得ている。しかし、遺伝子組み換え作物が有する除草剤耐性も殺虫毒素も、雑草や害虫が抵抗力を獲得するまでの限られた期間しか有効ではない。また、遺伝子組み換え作物が収量を増加させたという証明もなされていない。以上をもって、世界農業報告書では、遺伝子組み換え作物は開発途上国の小農に利益をもたらすことはなく、飢餓との闘いにおいて重要な役割を果たすこともないと指摘されている。それればかりか、遺伝的性質の交雑や遺伝子組み換え作物を使用しない栽培方法や製品との共存に関する未解決の問題から、多くの国々の農業従事者は深刻な問題に直面していると述べられている（Beck et al. 2016: 45–46）。

世界農業報告書の要諦をあらためて述べると、近代農業には長期の視点や社会的弱者への視点が欠如しており、維持可能な世界をつくるためには、「従来通りのやり方を続けるという選択肢はない」ということである。貿易、知的財産権の問題では特に大規模な農業政策改革が必要である。これまで軽視されてきた有機農業や小規模農業に関心を向け、支援のための資金が投入される必要がある。世界人口の三分の一は農業で生計を立てている。農業と食料は世界最大のビジネスであり、それゆえ維持可能な世界と密接に結びついている。

（3）二〇〇〇平方メートルプロジェクト

ＳＯＳによる啓発活動で最後に紹介するのは、二〇一七年から取り組まれている「世界の農地二〇〇〇平方メートル（Weltacker 2000m^2）」プロジェクトである（以下、「二〇〇〇平方メートルプロジェクト」）。このプロジェクトの発想は、世界の耕作可能な面積（一五億ヘクタール）を世界人口（七五億人）で割ると、一人当たりに割り当てられる農地面積が現在約二〇〇〇平方メートルであることから生まれている。第二章で紹介したシュタイナーの農地に関する原理から着想を得ていると考えられる。人々は、小麦をはじめとする穀物、ジャガイモ、キャベツ、ニンジンなどの野菜、家畜の飼料はもちろんのこと、主に輸入に頼っている紅茶やコーヒーや砂糖、Tシャツ用の綿花、食用とバイオディーゼル用の植物油といった作物を、本来二〇〇〇平方メートルの農地で賄わなければならないということである。

SOSの事務所が置かれているベルリン市内にプロジェクト用の農地があり、そこでは世界中の畑で栽培されているのと同じ割合で作物が栽培されている。このことによって、世界的な課題を人間的な規模に縮小して考えられるように、また世界の農業における自身の役割を感じやすいようになっている。実際に鍬で土を耕し、種を蒔き、収穫することで、訪問者は、農地の世界的な利用と流通に実際に触れることができる。種苗との関係では、この農地でゴールデン・バンタム品種が栽培されており、種苗をめぐる問題を知るきっかけを訪問者に提供している。

SOSによって作成された小冊子（Zukunftsstiftung Landwirtschaft 2019）には、肥沃な二〇〇〇平方メートルの農地には微生物やミミズや虫やモグラなど二〇兆を超える生き物が生息していること、食品ロスのために生産された食料品が摂取されずに多量に廃棄されていること、肉食中心の食生活では二〇〇〇平方メートルをはるかに超える農地面積が必要になること、EU域内の人々は一人当たり約七〇〇〇平方メートルの農地面積分の作物を世界各国から輸入していることなどが記されている。

二〇〇〇平方メートルプロジェクトを通して、人々は「私の二〇〇〇平方メートルはどこにあるのか」「私の二〇〇〇平方メートルを耕しているのは誰なのか」「今日の昼食は何平方メートルだったのか」「私たちは何平方メートルを捨てているのか」といった疑問に直面する。商品を購入するたびに、私たちは商品の量、品質、価格に見合った方法で農地を耕すという仕事を農業従事者に担ってもらうことになる。また、誰かが二〇〇〇平方メートル以上を消費すれば、他の人々はより少ない面積でなんとかしなければならなくなる。EU域内の人々が一人当たり平均二七〇〇〇平方メートル分を消費しているのに対し、一人当たり約一〇〇〇平方メートルの農地分しか消費できていない人々がいるとすれば、このことを正す必要性を感じられるようになる。二〇〇〇平方メートルプロジェクトを通して人々は世界とのつながりを知ることができる。

二〇〇〇平方メートルで生活しているのは、人間だけではない。私たちは、農地に生息し、その管理方法に依存している何百万もの他の生き物たちと農地を共有している。このプロジェクトを通して、肥沃な農地を維持する責任も体験することができる。

農地の将来の肥沃さと生物多様性は、農地の管理方法にかかっている。二〇五〇年には人口が九〇億人を超える。一人当たりに割り当てられる農地が減少したとしても、世界の農地をより適切に扱い、自分に割り当てられる以上の農地面積を浪費しなければ、将来にわたって十分な農地が世界には存在しているというのがこのプロジェクトのメッセージである。

なお、このプロジェクトの賛同者によって同様の二〇〇〇平方メートルの農地がスイス、ルクセンブルク、フランス、スウェーデン、スコットランド、中国、ケニアでもつくられており、国際的に運動が展開されるようになっている。

七　公共財・文化財としての種苗

有機種苗の育種家たちは、種苗を公共財もしくは文化財と考えているため、種苗を囲い込むような知的所有権保護を望ましいことと考えていない。そのため、許諾料によって育種に要した費用を回収するのではない方法を目指してきた。オープンアクセスは、中小の農業従事者が自立するための、そしてそれらの農業従事者による育種を通して多様性が維持・発展させられるための前提だと捉えられている。

種苗の問題（どのような品種が育種・普及されるべきか）は、長い間、農業に携わる人たちだけの問題だと考えられてきた。しかし、本章第二節で述べたような種苗を取り巻く状況を前にして（そして各種の啓発活動を通じて）、育種を社会的・文化的任務だと捉える育種家や支援者が現れはじめている。いま問われているのは、有機種苗の育種を農業従事者だけに任せるのではなく、より多くの人々が関心を持ち支援者となれる適切な方法を見出すことである。

種苗の問題は、西川が指摘しているように、開発をどのように考えるかという議論と密接にかかわる（西川・根本、二〇一〇、一九七～二〇〇頁）。近代育種が始まって以降、工業的農業に特化した種苗の開発が促進され、種苗が純粋な商品として扱われるようになっていった。しかし、種苗は生命の源であり、画一性や独占に馴染まない性質を多分に有しているという理解が、維持可能性を考慮する際には欠かせない。種苗は、囲い込むのではなく分かち合うことによって潤沢さが増していく興味深い対象である。

本章で紹介した有機種苗の育種をめぐるドイツでの取り組みは、知的所有権保護が強化される現在の制度下で、純粋な商品とされつつあった種苗を人々からの寄付（多数の人々が関わる形での種苗のフライカウフ）を利用して市場原理から切り離し、生命にとって真に重要なものを守り発展させていく取り組みとみることもできる。これらの種苗に対する考え方は、種苗の問題を日本で考える際にも重要な参照点になるだろう。

注

（1）違反した場合には、個人では一〇年以下の懲役または一〇〇〇万円以下、法人なら三億円以下の刑事罰を科される可能性がある。また民事上の措置として、当該種苗や収穫物などの流通の差止めや育種家の権利侵害によって発生した損害の賠償を請求される可能性がある。

（2）企業育種家が収量、画一性、加工適性および外形の見かけに強い関心を持つのに対して、公的育種家は植物の丈夫さや耐病性などの形質を重視することが多い。また、企業育種家が行う作物改良は、農業従事者が毎年会社から種苗を買わなければならなくなるような交雑育種に偏りがちになる。一方、公的育種では、農業従事者が自分で蓄えておける多年生品種や非交雑品種の開発による作物改良を考える傾向が強い（ムーニー 一九九一、一一五頁）。にもかかわらず、公的育種では国が目指す農政に適合する育種が目指されるため、たとえば化学肥料・農薬の投入を当然視する農政の下では、有機農業に適する種苗の育種は期待できない。「いま選ばれている種子はこの現代の農業のやり方を前提とした上での〝よい種子〟にすぎない。現代の農業が問われるとすれば、種子もまた問われねばならない」（ＮＨＫ取材班 一九八二、二一六頁）という言葉には一考の余地がある。

（3）種苗会社は、多くの品種で雑種強勢を利用し、雑種第一代（F_1＝ハイブリッド）の種子を生産している。雑種強勢とは雑種第一代において、その収量、耐性などの形質が、両親のいずれの系統よりも優れる現象を指す。F_1品種の種子ではその形質がF_2（雑種第二代）以降に引き継がれない（また、F_2では雑種強勢が働かなくなるため、形質がF_1より劣ってしまう）。したがって、その両親となる品種（純系・固定種）を所有していれば、毎年F_1品種の種子を独占的に販売することができる。一方、固定種とは何代にもわたって種子を採り、選抜・淘汰を繰り返すなかで、遺伝的な形質が安定していった品種を指す（農山漁村文化協会編 二〇二〇、二二五頁）。

（4）有機栽培されていても有機種苗を使っていなければ有機農産物として認めないという世界的な流れがある。現在は「ただし、それが不可能な場合はその限りではない」とされているが、いずれはこの特例はなくなっていくとみられている。この特例がなくなるまでに有機種苗を広く入手できる体制が整っていなければ日本の有機農業は消滅してしまうかもしれないという危惧が示されている（西川編 二〇一三、八一頁）。この点からも有機種苗の育種・普及を考察する必要性が高まっている。

（5）注（3）を参照。

（6）現在、野菜のF1品種の多くで、雄性不稔の手法が使われている。雄性不稔の作物では花粉が形成されないため、これを育種の素材として使用することができない。雄性不稔の技術が遺伝資源を囲い込むために利用されている面がある。

（7）育種家の権利が育種した品種にしか適用されないのに対して、組み換えられた遺伝子への特許は、その遺伝子が含まれるすべての植物に及ぶ。たとえば、非遺伝子組み換え作物が遺伝子組み換え作物と交配してしまった場合、その子孫の細胞に組み換え遺伝子が含まれていれば、その作物は特許保有者の多国籍種苗企業の所有物となる。

（8）名古屋議定書を批准していないアメリカなどでは、ＯＳＳＬがＥＵ加盟国内と同等の効力を有さない可能性がある。

（9）ＧＬＳ信託財団や未来基金の歴史や詳細については、林（二〇一七）の一一七〜一二五頁を参照されたい。

（10）Saatgutfondsのウェブサイトと二〇二〇年五月五日にオンラインで実施した未来基金マネージャーのウィリング（Oliver Willing）へのヒアリングを基にこの段落を執筆した。

（11）その他の収入源に、販売を委託している種苗会社からのスポンサー契約料（年間契約料と純売上高の五％の寄付金）やドイツ連邦農業省などからの育種に関する研究助成や会員からの会費などがある。

（12）新しい資金調達の戦略として、ＣＳＡのように地域のグループが育種資金を支える方法、資金を供与してくれる顧客の要望に応じて育種する方法、プロのファンドレイザーに資金調達を委託する方法、バリューチェーン全体から少しずつ資金を集める方法、オープンソースのラベルを作物に貼り上乗せ金を消費者に支払ってもらう方法などが検討されている（Kotschi et al. 2021: 6–12）。

（13）二〇二〇年五月四日にオンラインで実施したクルトゥールザートマネージャーのフレック（Michael Fleck）へのヒアリングを基にこの段落を執筆した。

（14）本節の内容は、Ssve Our Seeds のウェブサイト、Bantam! のウェブサイト、Weltagrarbericht のウェブサイト、Weltacker 2000m^2 für alle のウェブサイトを参照して執筆している。

（15）「特徴をもった野菜」の取り組みは、二〇〇四年に開始された。一般に消費者は育種についての知識をほとんど有していない（種と品種の概念の違いは、ほとんど知られていないという）。育種に関心を持ってもらうためにクルトゥールザートは、品種間の知覚可能な差異に焦点を当てることにした。野菜の販売業者との丁寧な対話の結果、二〇〇四年にニンジン三品種で以下の取り組みが試行された。すなわち、店舗などでの販売の際に、単なる「ニンジン」としてではなく「ニンジン、ミラン（Milan）、オーベルグラス農場、デメター、ドイツ」として扱ってもらうようにした（デメターは、バイオダイナミック農産物の認証）。生産者はニンジンとしてではなく、ミランという品種として販売業者に卸す。消費者は、店舗などにおいて品種名が記された表札で特別なニンジンであることを認識する。さらに近くに置かれた小さなフライヤーには、その品種のレシピ（ミランの場合には、「小さなボウルにレモン汁、塩、胡椒、オイル、蜂蜜、生クリームを入れてよく混ぜる。ニンジンを細かくすりおろし、このドレッシングとよく混ぜ合わせて、二〇～三〇分置く。刻んだナッツを散らして提供する」と記載）を含む品種の詳細な説明が記載されている。販売業者や野菜に関心を持った消費者は、育種の背景情報を『バイオダイナミック農法における野菜の育種』（*Biologisch-dynamische Gemüsezüchtung*）というパンフレット（二〇〇四年と二〇〇八年にそれぞれ一万部ずつ発行。オンラインからもダウンロード可）から知ることができる。二〇〇四年の試行段階での好意的な反応を受けて、二〇一〇年までにピーマン、キャベツ、ホウレンソウ、カボチャなどの九品種が追加され、現在では一二品種の特徴をもった野菜が流通している（Kultursaat e.V. のウェブサイト）。

参考文献

Bantam! のウェブサイト（https://www.bantam-mais.de/）。

Beck A. et al.（2016）*Agriculture at a Crossroads - IAASTD findings and recommendations for future farming*, Zukunftsstiftung Landwirtschaft.

Glotzbach S. et al.（2020）Wenn Saatgut zum Gemeingut wird, *Ökologisches Wirtschaften*, 35, pp,16-19

Klaedtke S.（2019）Kultursaat e.V., Association for Biodynamic Breeding, DYNAmic seed networks for managing European diversity（http://dynaversity.eu/wp-content/uploads/2019/11/CSA_Kultursaat.pdf）.

Kotschi J. et al.（2018）The Open Source Seed Licence, *PLOS Biology*, 16(10), pp.1-7.

Kotschi J. et al.（2021）*Enabling Diverstiy*, AGRECOL.

Kultursaat e.V. のウェブサイト（https://www.kultursaat.org/zuechtung/gemuese-mit-charakter/motivation/）。

OpenSourceSeeds のウェブサイト（https://www.opensourceseeds.org/）。

Saatgutfonds のウェブサイト（https://www.zukunftsstiftung-landwirtschaft.de/saatgutfonds/）。

Save Our Seeds のウェブサイト（https://www.saveourseeds.org/）。

Weltacker 2000m^2 für alle のウェブサイト（https://www.2000m2.eu/de/）。

Weltagrarbericht のウェブサイト（https://www.weltagrarbericht.de/）。

Wirz, J. et al.（2017）*Seed as a Commons*, Goetheanum and Fund for Crop Development.

Zukunftsstiftung Landwirtschaft（2007）*Infobrief Saatgutfonds*, 2/07.

Zukunftsstiftung Landwirtschaft（2019）*Unser Weltacker 2000*m^2 *für alle!*.

ＮＨＫ取材班（一九八二）『日本の条件7　食糧②』日本放送出版協会。

リフキン、ジェレミー（二〇一五）柴田裕之訳『限界費用ゼロ社会』ＮＨＫ出版（*The Zero Marginal Cost Society*, 2014）。

西川芳昭編（二〇一三）『種から種へつなぐ』創森社。

西川芳昭（二〇一七）『種子が消えればあなたも消える』コモンズ。

西川芳昭・根本和洋（二〇一〇）『奪われる種子・守られる種子』創成社。

農山漁村文化協会編（二〇二〇）『どう考える？種苗法』農山漁村文化協会。

林公則（二〇一七）『新・贈与論』コモンズ。

ムーニー、Ｐ・Ｒ（一九九一）吉川正雄・古瀬浩介訳『種子は誰のもの』八坂書房（*Seeds of the Earth*, 1979）。

山田正彦（二〇二一）『タネはどうなる⁉〔新装増補版〕』サイゾー。

エピローグ　みんなのためになる農業におけるフライカウフの意義

四つの要点

第一章から第四章では、みんなのためになる農業（公益事業としての農業）におけるフライカウフの実践について記してきた。それらの取り組みから見えてくるフライカウフの意義についてまとめることで、本書を締めくくりたい。プロローグの最後で、「奴隷（人間）のフライカウフと農業におけるフライカウフとでは何が異なるのか、農業におけるフライカウフにはどのような独自の可能性があるのか。これらの問いを明らかにするのが本書の最大の課題である」と述べた。この課題に応えるために、アメリカ合衆国における奴隷解放の到来を理解するうえでバーリンが注目すべきだとした四つの要点を参考にする。四つの要点とは、①黒人が奴隷であるべきでないのであれば、黒人とは一体何者なのかという本質論、②奴隷解放後の黒人の地位や社会制度の構築などに関わる制度論、③奴隷解放に対して断固とした行動をとったのは誰だったのかという主体論、そして、④奴隷解放には暴力的なプロセスが必ず生じたことである（バーリン 二〇二二、三五〜三九頁）。以下では、③と④を併せて議論することとし、本質論、制度論、主体論についてそれぞれ述べていく。

本質論

奴隷制廃止運動の本質は、自由の獲得であった。ただし、このことは奴隷制が廃止されさえすればよいということではなかった。黒人の自由獲得に反対する人々は、黒人を「著しく他者に依存し、著しく無知で、著しく困窮し、著しく野蛮」であると考えており、「すべての人は自由である権利を持ち、それは奪われることのない権利である。しかし、黒人は明らかに人ではない」と述べる者さえいた（バーリン 二〇二二、七五～七六頁）。こうした黒人生来劣等説が社会に根付いているなかで奴隷解放を提起することは、必然的に自由身分の黒人の地位を問うこと、そして市民的権利やその特質について問うことにつながった。そのため、奴隷制廃止論者は、当初から一貫して対等な自由について論じ、その実現を目指した（バーリン 二〇二二、三七頁）。そして奴隷が対等な自由を獲得することは、一部の者を豊かにした人間を財産として所有する権利への挑戦をも意味していた（バーリン 二〇二二、二六頁）。GLSグループが奴隷のフライカウフを、人間を商品として扱わない枠組みへの移行のきっかけと考えていたことはプロローグで示した通りである。

では、農業におけるフライカウフ（もしくは、公益事業としての農業を目指す運動）において究極的な目標とみなされるものは何であろうか。農地、農産品、種苗のいずれでも共通していたのは、それぞれの生命性を尊重するためにフライカウフが行われたという点である。また、地域通貨では工業の原理とは異なる原理による貨幣（生命性を尊重した財・サービス（たとえば地元の有機農産品）に有利な貨幣）の可能性が示されている。一連の取り組みにおいて、（法定通貨が使用されている市場で）商品として扱われることが本来望ましくないと考えられたものの本質とは、生命性であった。

生命性についての議論を深めるために、ここでは生命特許やバイオテクノロジーについてのリフキンの著作を参照する。まず第三章のテーマとも関連する生命特許に関して、「生命特許は、生命の本質そのものについてのわれわれの考え方の核心をつくものであり、生命はそれ自体が固有の価値をもつものと考えるべきか、単に実用的な価値しかないと考えるべきかの決定をせまる」（リフキン 一九九九、一〇〇頁）と述べている。また、生命体に初めて特許が認められた際には、「金銭的な利益のためにはもはや生命ある存在と生命ない物体を区別する必要はないということになったのだ。これ以後は遺伝子操作された生物は発明物と見なされ、コンピュータなどの機械が発明品と考えられるのと同じになった」（リフキン 一九九九、七三頁）と述べている。リフキンによれば、バイオテクノロジー革命で頂点に達した啓蒙思想という世界では、新しいより強力な技術的方法を発見し、実用および商業用の目的のために自然を支配して利用することが、近代の究極の夢であり中心的なテーマだったという（リフキン 一九九九、二三三～二三四頁）。そのうえでバイオテクノロジーについて、「自分の再設計ができるようになるとあって、われわれは新しい技術的操作を創造的な行為だと誤解しているが、実際にはそれは一連の選択肢であって、市場で買うことができるものなのだ」（リフキン 一九九九、三〇八頁）と指摘している。

以上のリフキンの主張から言えることは、商業用の目的のために自然を支配して利用するようになって以降（この時期は、工業化の急速な進展や経済学の成立の時期と重なる）、生命性が軽視されるようになっていき、生命特許やバイオテクノロジー革命においてその傾向が頂点に達したということである。経済成長のためには生命性を考慮にいれずあらゆるものが市場で扱われることが当然だと考えられている現代において、生命あるものの商品化が疑問視されることはほとんどない。このような状況下において、生命性に関する考え方を反転させるために取り組まれたのが、農業におけるフライカウフだと言える。

奴隷のフライカウフにおいて、なぜ人間を商品にすべきではないのかという点に関しては、自由は権利であって売買されるものではないという見解や人間を財産とすることにはモラル上の問題があるという見解があった。そこで尊重されていたものは、人間性であったと考えられる。農業におけるフライカウフには、人類は人間性の尊重から進んでさらに生命性をも尊重する社会を目指すべきではないのかという問いが含まれている。そして同時に、人間性を否定する奴隷所有から富をむさぼるのと同様に、生命性を否定する農地・農産品・種苗の所有から富をむさぼることの是非が問われている。

制度論

本質論が長くなったが、続いて制度論について述べる。奴隷解放後の黒人の地位や人種間の平等が議論になった際には、選挙権資格、移動の自由、武器所持、兵役義務、さらには公共交通機関で利用できる席、ホテルの利用、結婚などのさまざまな事項が検討され、奴隷制廃止以前には考えることも難しかった社会制度を構築していくこととなった（バーリン 二〇一二、一三八頁）。同様に、農業におけるフライカウフでも、単にある農地を買い取って市場の影響下から自由にさせるだけでなく、その農地が現行の社会制度の下で生命性を尊重された形で存続できる方法を提示することが不可欠であった。この点に関しては、ビオ農地協同組合、連帯農業、オープンソースシーズライセンス、そしてキームガウアーなどを中心として本書で詳しく叙述してきた。その意味では、本書の内容の中心は、農地、農産品、種苗、そして貨幣が自由になったあとの社会制度の提示だったとも言える。換言すれば、これまでの社会常識からは想像することも難しい公益事業としての農業の実際を具体的に示すことだった。

主体論

最後に、運動を進めていくのかは誰かという主体論について述べる。アメリカ合衆国の奴隷解放に関して、バーリンは以下のように指摘している。

奴隷解放への長い歴史は、奴隷制に終止符を打ち、奴隷不在の世界の創造を見据えて、断固として行動を取ったひと握りの男女を中心に展開された。……こうした男女の大多数は黒人奴隷で、元奴隷や奴隷の子孫がその一団に加わった。……奴隷制に反対する姿勢やその即時廃止要求において、こうした人々の主張は一貫し、決意も固かった（バーリン 二〇二二、三五～三六頁）。

そして、黒人奴隷が運動の先頭に立った理由について、「誰よりも、奴隷制の非人間性や異常なまでの搾取を知っていたからである」（バーリン 二〇二二、三六頁）と指摘している。このことも関連して、奴隷解放には暴力的なプロセスが必ず生じたという（バーリン二〇二二、三九頁）。

運動推進の主体は、奴隷制廃止運動と公益事業としての農業を目指す運動とでは大きく異ならざるをえない。というのは、生命性を否定され搾取されてきた農地・農産品・種苗などは、黒人奴隷と異なり、自ら声をあげることができないからである。この点は、公益事業としての農業を目指す運動の推進を困難にしている大きな原因かもしれない。すなわち、この運動では、狭い意味での自らの利害関係（私益）ではなく、農地・農産品・種苗などの生命性のために（公益のために）人々が立ち上がる必要があるからである。

プロローグでクェーカー派による奴隷のフライカウフを紹介したが、農業におけるフライカウフは、主体の性質としてはこれに近い。他者のためのフライカウフが奴隷制を揺さぶるきっかけとなったのと同様に、農業におけるフライカウフも工業化された農業のあり方を揺さぶるきっかけになるだろう。公益事業としての農業を目指す運動においては、さらに、運動の最後までが公益のために尽くせる人々によって担われる必要がある。そしてこの運動は、クェーカー派による奴隷のフライカウフがそうであったように、非暴力での達成が目指されるだろう。

経済活動において公益が重視されるべきだという議論が高まりつつある。経済活動は「エゴシステム」から「エコシステム」に移行すべきだという論（シャーマー・カウファー 二〇一五）や、公益に寄与することを経済活動の目標とする公益経済に関する論（フェルバー 二〇二二）が提唱されるようになっており、それらの考えを基にした実践も広まりつつある。農業におけるフライカウフをきっかけとする公益事業としての農業を目指す運動は、これらの流れの中に位置づくものので、公益のために多くの人々が立ち上がるということはありえないことではない。

本書の結論

一九八七年にアメリカ合衆国で出版された『エコロジカル・ダイエット』という著作がある。

この本では、畜産業のほとんどにおいて牛や豚や鶏がモノのように扱われている悲惨な現状が詳細に記されており、同時にそれらの動物の生き物としての本来の姿が描かれている。このなかに、エピローグでの筆者の主張を補ってくれる記述があったので、以下に引用する。

私たちアメリカ人は、食物にはほんとうに恵まれており、どのような食品でも口にすることができ、最適の食事を自ら選ぶことができる。しかし、世界の大部分の地域では、状況はまるでちがう。食糧不足に苦しむ人びとがまだたくさんいるのだ。そこで、『エコロジカル・ダイエット』は、私たちの食習慣の変化が自分たちだけではなく、世界の不幸な人びとにとっても多大な利益をもたらすということも、はっきり説明している。粗食せよというのではない。ただ、いちばん健康的で、栄養に富む、おいしい食事が、いちばん経済的で、食糧不足に悩む人びとにも利益があり、環境汚染にもつながらない、ということを理解してもらいたいだけだ。この事実に耳をかたむけることが、私たち人間の健康を維持するうえでも、生きとし生けるものの命の基盤でもある生態系の破壊をくいとめるうえでも効果がある、もっとも実際的・経済的にして強力な方策の一つであることはまちがいない。私たちが健康的な食事をするだけで、私たち自身も、ほかの国の人びとも、動物たちも、さらには森も、川も、土壌も、空気も、海も、利益を得ることができるのである（ロビンズ二〇〇二、一六頁）。

畜産業や農業において動物や植物、さらには虫や微生物の生命性を尊重することができなければ、維持可能な社会は実現しないのではないか。

財産として所有されること、商品化され市場で取り引きされることが当然視されていた工業化時代において、農地・農産品・種苗などの生命性が尊重されるためのほとんど唯一の方法が農業におけるフライカウフだった。種苗基金が典型的であるが、農業のフライカウフにおいては、人々の意識を自分以外にも拡張することや、より多くの人々が関われるようにすることが意識されている。公益事業としての農業が当然のものとして社会に定着し、(人間が商品として扱われていたことがおかしなことだと多くの人が考えるようになったのと同様に)農地・農産品・種苗が商品として扱われていたことがおかしなことだと多くの人が考えるようになれば、農業におけるフライカウフは不要になる。工業化された農業もしくは利潤追求を目指す農業が存在しない社会を創造するのは容易ではないかもしれない。しかし、農業のフライカウフをきっかけに生まれた公益事業としての農業のモデルによって、私たちは従来とは違う未来を描けるようになっている。アメリカ合衆国では運動が本格的に始まってから奴隷制廃止までに約一世紀を要した。農地・農産品・種苗などの生命性が尊重される社会、もしくは公益事業としての農業が当たり前の社会が到来するまでも相当の時間を要すると思われるが、その扉はすでに開かれている。

参考文献

シャーマー、オットー・カウファー、カトリン（二〇一五）由佐美加子・中土井僚訳『出現する未来から導く』英治出版（*Leading from the Emerging Future*, 2013）。

バーリン、アイラ（二〇二二）落合明子・白川恵子訳『アメリカの奴隷解放と黒人』明石書店（*The Long Emancipation*, 2015）。

フェルバー、クリスティアン（二〇二二）池田憲昭訳『公共善エコノミー』鉱脈社（*Gemeinwohl-Ökonomie*, 2018）

リフキン、ジェレミー（一九九九）鈴木主税訳『バイテク・センチュリー』集英社（*The Biotech Century*, 1998）。

ロビンズ、ジョン（二〇〇二）田村源二訳『エコロジカル・ダイエット』ブッキング（*Diet for a New America*, 1987）。

補論　金融経済と小規模有機農業――スローマネー

金融経済が農業に及ぼしている弊害を考えるうえで、スローマネーの考え方には参考になる点が多い。ただし、農業におけるフライカウフという本書の射程から外れるため補論として掲載する。

現代の金融経済では「より速く」「より多く」「より遠くまで」が求められるが、その結果、環境負荷が大きい大規模近代農業が優遇され、逆に小規模有機農業は金融サービスから排除されている。しかし、維持可能な社会を実現するためには、土壌の肥沃さに敬意を払い、保護し、育成しながら経済活動を行う事業体に資金を適切に供給していくことが欠かせないと、スローマネーの提唱者であるタッシュは考えている。スローマネーでは、食物と土壌と資金との間の新しいつながりが目指されている。

一　スローマネーとは

スローマネーとは、ウッディ・タッシュによって提唱された取り組みで、二〇〇八年一月に最初の集会が催されて以来、米国を中心に広がりをみせている。二〇一七年一〇月に出版された著書では、スローマネーの取り組みを通じて二〇〇九年以降に六〇〇〇を超える小規模有機食品事業（スローフードで推奨されるような事業）に対して五七〇〇万ドル以上の資金が供給されたと記されている（Tasch 2017: VII）。スローマネー協会のホームページには、最新の数値としてこれまでに八〇六の小規模食品事業に対して七九〇〇万ドルが投資されたと記されている。また米国内では二七のローカルグループがスローマネーの取り組みを実施しており、オーストリア、カナダ、フランスにも広がっている（Slow Money Institute のウェブサイト）。

研究対象としてのスローマネーは、これまで地域（Local）への投資という点から主に評価されてきた。ロカベスティング（Locavesting）という造語をつくったエイミー・コルテセ（Cortese 2011: 147–158）やその著書を紹介した松尾の論文（松尾 二〇一六）がその代表といえる。また、マイケル・シューマンも同様の観点からスローマネーを評価している（Shuman 2012: 90–91）。たしかにタッシュは、スローマネー原則（本書一八〇頁に掲げた資料）の最後の部分で、「資産の五〇％

を、私たちが住む場所から五〇マイル（約八〇キロメートル）以内で投資するようにしたら世界はどうなるだろうか」と述べている。しかし、「利潤の五〇％を寄付する新しいタイプの会社があったらどうなるだろうか」「今から五〇年後に私たちの土壌に有機物が五〇％多く存在するようになればどうなるだろうか」と文章が続くことから明らかなように、スローマネーの射程は地域内への投資に留まらない。

先行研究で指摘されてきた地域という視点が重要であることを踏まえつつ、ここでは、地域への投資という以外にもスローマネーには豊かな内容が含まれていることを明らかにしたい。このことを明らかにするために、タッシュの二冊の著書（Tasch 2008, 2017）を詳細に検討する。スローマネーの取り組みは、二〇〇八年に出版されたタッシュの著書の内容が発表・議論され、その考えに数百、数千の人々が魅了されたことで始まった。そして、その考えを一〇年経って示し直したものが二〇一七年の著書になる。後述するように、スローマネーとは実践が先行していてそれを理論化したものではなく、タッシュの思想に触発されて、それに共感した人々が実践を始めたという取り組みである[1]。この意味でも、タッシュの二冊の著書の内容を詳細に読み解くことには重要な意義がある。

スローマネーの実践が始まって一五年ほどになる。初期の実践の経緯については補論の中で簡単に取り上げるが、それ以降にも、それぞれのローカルグループが各地で多様な取り組みをしている。これまでに三号出されているスローマネージャーナルでは、農業者などからの現地報告や投資先の事業の内容（投資額含む）などが紹介されている（Slow Money Institute 2016, 2017, 2018）。ただし、補論ではスローマネーの具体的な実践にではなく、金融経済と小規模有機農業とをつなぐ重要な思想の一つとしてスローマネーの考え方に主に焦点を当てたい。

二　金融経済の問題点

小規模有機食品関連事業への投資は、高コスト（事業に必要な資金額に比して情報収集の手間やコストがかかりすぎる）かつ高リスク（天災や市場動向による価格の乱高下などによって生じる貸倒れリスクが存在する）である。スローマネーは、金融排除されやすい小規模有機食品関連事業を支えようとする取り組みである。スローマネーには農業と金融の側面があるが、元来タッシュは金融業界の人間であった。

スローマネーの考え方を発表したとき、タッシュは投資家サークル、エンジェル投資家の非営利ネットワーク、ベンチャーキャピタリストや財団に関わっており、一九九二年以来、維持可能な社会を目指すベンチャー企業などに資金を提供してきたという実績を有していた（Tasch 2008）。タッシュが最初の著書を出版した二〇〇八年といえば、世界金融危機の真っただ中で、既存の金融システムの問題点が顕在化しつつあった時期である。

ときおり具体的な数値を紹介しながら議論を進めるのが、タッシュの特徴である。ニューヨーク株式市場の取引高は、一九六〇年には一日三〇〇万株だった。それが一九八二年には一億株に、一九九七年には一〇億株に、二〇〇一年には二〇億株に、そして二〇〇七年には五〇億株になった。ウォールストリートの取引仲介業者全体の収入は、一九八〇年の二〇〇億ドルから二〇〇〇年の二二五〇億ドルに増加した（Tasch 2008: 13）。

そして別の箇所で、全企業利潤に対する金融部門から生じた企業利潤の割合が一九六〇年の七％から今日三〇％まで上がった反面で、製造業部門から生じた利潤の割合は五〇％から一五％に下がったと述べている（Tasch 2017: 25）。さらに、米国の消費者が食品に使った一ドルのうち、農家に落ちる額が一九〇〇年の四〇セントから今日七セントに減少していることを構造的な病気だと指摘している（Tasch 2017: 25）。すなわち、タッシュの指摘の第一は、実体経済に比して金融経済が肥大化している経済には、重大な問題が潜んでいるということである。

金融市場では一秒間に数十億回以上の指示をだせるコンピュータが導入され、信じられないスピードでの取り引きが可能になっている。[2] そして、金融市場での過度のスピードとヘッジファンドのCEOや投資家の短期利益志向とによって、大きな混乱がもたらされているとタッシュは指摘する。すなわち、取り引きのスピードが増すほどに、利益以外の具体的なことは考慮されなくなっていき、自然や社会と金融との分断が大きくなっていくという。たとえば、水が土壌や帯水層を通って流れる時間と資金が投資信託やデリバティブを通して循環する時間との間の分断、土壌や石油が生成されるのに要する時間とそれらを使い果たすのに要する時間との間の分断などがあげられている（Tasch 2008: 15–16）。ここでタッシュが主張しているのは、自然のペースを尊重する新たな経済的な関係性を私たちは発見しなければならないということである（Tasch 2008: xi）。貨幣があまりに速く動くようになった結果、人々や場所から貨幣が分離し、専門家でさえ金融を完全に理解できないようになっているという（Tasch 2008: xix）。

金融を中心とする現在の経済に対するタッシュの第三の指摘は、金融市場が非道徳的だという点である。ジョージ・ソロスの言葉を借りながら、次のように述べている。

> 個々の投資家が結果に影響を与えることができないという点で、金融市場は非道徳的である。一方で、投資家は幸せなポジションにいる。なぜなら、投資家はモラルの問題を考えなくて済むからである（Tasch 2008: 88–89）。

利潤最大化もしくは効用最大化を個々人が追求することによって社会全体の最大幸福が実現されるという経済学のパラダイムに対する批判がここには含まれている。また後述するように、常に経済成長が求められる現在の経済のあり方にもタッシュは疑問を持っている。

タッシュは二〇一七年の著書でも、技術と金融の役割を見直し、二〇世紀の優先事項、すなわちグローバルな市場を強化すること、都市の成長、農業の工業化、すべてのものをコンピュータ管理すること、そしてすべてのものをスピードアップすることを、二一世紀には変えていかなければならないと述べている（Tasch 2017: 24-25）。

タッシュは、このような金融経済を重視する経済のあり方が、農業にも多大な悪影響を与えてきたと考える。タッシュが主に米国で展開されている農業を念頭に置きながら問題だと考えていることについて、次節でまとめることにする。

三　近代農業の問題点

戦後、工業との生産性格差是正のために農業の大規模化・近代化が進められた。タッシュは次のような数値を紹介している。

一九〇〇年には世界の都市人口は二億二〇〇〇万人（一三％）だった。それが一九五〇年には七億三二〇〇万人（二九％）、二〇〇七年には三三億人（五〇％）になり、二〇五〇年までに六六億人（六六％）に達すると見込まれている。米国では今日八五％が都市部に住んでいて、それと並行して農業の工業化が広がっている（Tasch 2017: 80）。

そして、「一九五〇年に二五〇〇万人いた米国の農家は、二〇〇〇万人ほどに減少した。一六万三〇〇〇の巨大農場があるが、米国の食べ物の六〇%がそこで生産されている」(Tasch 2008: 17)という事実に触れる。米国では農業に工業の原理が他国にも増して導入されており、少数の巨大農場が食料供給を支えるという形になっている。このような食や農をめぐるあり方をタッシュが批判するのは、それが維持可能ではないからである。

植物の育成に欠かせない肥沃な表土は、一〇〇〇年で二五~五〇ミリメートルしか生成されない。にもかかわらず、肥沃さを維持するよりも短期的な収量を重視する近代農業によって、四〇年も経たずに肥沃な表土が二五ミリメートル失われたとタッシュは指摘する。さらに、世界の農地の約三分の一が第二次世界大戦後に劣化していて、いまでも耕作可能な土地の一%が毎年侵食で失われていると述べ、土壌侵食を農業における暴力の一形態と位置付けている(Tasch 2008: xiii)。

土壌侵食を引き起こしている原因としてタッシュがあげているのが、化学肥料の使用である。タッシュによれば、第二次世界大戦後に軍需産業から転用された化学肥料は、短期的な収量をあげた反面で、微生物への有害な効果のために腐敗を妨げるようになり腐植土の生成に致命的な影響を与えることになったという(Tasch 2008: xiv)。

また、農業の近代化が進むにつれて安価な石油に依存した高資源投入型大規模農業が広がり、遠方の市場に農産物を運ぶための長距離輸送システムが整備されるようになった。その結果、米国の温室効果ガスの二〇％以上が農業由来であるという。農薬や化学肥料による汚染、生物多様性の喪失も生じており、同時に食物の栄養や安全、地方経済の衰退、投機によるグローバル市場での農産物価格の不安定などの問題も起こっている（Tasch 2008: xiv–xv）。

維持可能な社会を実現するためには、農業の近代化以降に激減してきた小規模有機農家の増加が欠かせないとタッシュは考える。しかし、前述したように、現在の食料供給システムでは食品一ドルのうち、農家が受け取れるのは七セントにすぎない。しかも、この食料供給システムでは、一カロリーの食品をつくるために石油エネルギーを五七カロリーも消費するという（Tasch 2008: xv–xvi）。地球環境の維持可能性の観点からみれば非合理的なシステムになっているのは、このシステムがグローバルな金融市場を意識してつくられていて、そこでは投資家が、目前の収量が最大になるような農業に、すなわち企業的な大規模農家に資本を投下しているからだとタッシュは考えている（Tasch 2008: xvi）。

それゆえ、タッシュは、土壌の肥沃さ、生物多様性、食品の質、地域経済が直面している問題は、技術の問題ではなく、金融の問題であると考える。大規模で中央集権的な生産を導く一九世紀の考え方を改め、数十億の人々の生活を改善するためには、小規模の取り組みを長期的に支える投資が必要だということを理解しなければならないという（Tasch 2008: xvi–xvii）。そのために必要なのがスローマネーである。

スローマネーの詳細な内容に入る前に、スローマネーが金融に関する従来までのさまざまな取り組みとどのように異なるのかを次節で明らかにしておきたい。

四　従来までの金融との違い

スローマネーでは、小規模有機食品関連事業体への資金供給が中心となる。しかし、小規模有機食品関連事業体は投資先としては非常に小規模で、個別の投資先としては貸倒れリスクが高すぎるという問題がある。ベンチャーキャピタルでは、多数の中小企業への投資をポートフォリオとして一つの投資先とみなすことで、この問題が解消されている。事業の多くが失敗したとしても、ごくわずかの企業が莫大な利益をあげさえすれば、全体として投資家は利益を得ることができる。

タッシュは以下の理由で、スローマネーはベンチャーキャピタルの手法を採りえないとしている。ベンチャーキャピタルでは、ポートフォリオ全体の利益が、ごく少数の勝者によって生み出され、そのほかの多くの中小企業は生き残らない。地球環境の維持を考慮したときに必要だとタッシュが考える小規模有機食品関連事業体の多くが事業を続けられないことが問題であるし、同時に、小規模有機食品関連事業体が莫大な利益を生み出すことは考えにくく、莫大な利益を生み出して大規模化すること自体、タッシュにとっては望ましいことではない（Tasch 2008: 62）。それゆえ、中小企業への投資という点ではベンチャーキャピタルと同様であるが、スローマネーには独自の手法が必要であった。

米国では、この数十年で、ベンチャーキャピタルだけでなく、社会的投資やフィランソロピーでも多大な量的成長を収めてきた。しかし、タッシュは、社会的投資やフィランソロピーには大きな問題があるという。フィランソロピーのために寄付される資金を生み出す財団の資産は、多くの場合、財団のミッションとは関係のない投資先で運用されている。たとえば、世界最大の財団であるビル&メリンダ・ゲイツ財団が近隣の住民に健康被害を生じさせるナイジェリアでの石油掘削事業で財団の資産を運用していたことが明らかになっている（Tasch 2008: 70）。

タッシュによると、同様の問題が社会的投資にも見られるという。元来の社会的投資は、アパルトヘイトを継続する南アフリカ共和国への進出企業の株式売却といったように、経済における非暴力の表現だった。しかし、社会的投資の考え方が広まり、多くの投資家が社会的投資に賛同するようになるにつれて、社会的投資にも金銭的な配当が求められるようになっていった。その結果、フォーチュン五〇〇に掲載される会社の九〇%が社会的投資のポートフォリオにも入るようになったという。つまり、通常のファンドと同程度の配当を要求されたことにより、不可避的にスクリーニングが弱まったという批判が社会的投資にはなされている（Tasch 2008: 44-47）。たとえば、取締役会に女性やマイノリティがいるという理由で、多くの社会的投資のポートフォリオには、ウォルマートやマクドナルドや石油会社といった企業が含まれている。社会的投資やフィランソロピーの分野で起きていることは、より深刻な問題に対する不十分な対応を認めることだとタッシュは考えている（Tasch 2008: 130）。

維持可能な社会を目標として取り組まれてきたこれらの金融が不十分な結果になっている理由を、投資において利益をあげることが強く求められていること、違う言い方をすれば、経済成長を強制されていることだとタッシュは考えている。土壌汚染、都市の荒廃、スプロール化、環境汚染、喫煙に関連した病気、肥満、児童労働などは経済システムの副作用などではなく、経済成長に伴う本質的な病気であるというのがタッシュの考えである（Tasch 2008: 130-131）。

成長の強制は、混乱や尽きることのない不満足な消費者需要を作り出す。このような状態は経済的な暴力の一形態を成す。それゆえ、タッシュは、平和な市場、平和な企業が報いられる市場が必要だと述べている（Tasch 2008: 136）。タッシュは次のように述べている。

成長を最大化するのではなく暴力を減らすことが、人間の幸福を高めることを真に志向する経済の主要な目的になるだろう（Tasch 2008: 185）。

このように考えたタッシュが、社会的投資、フィランソロピー、ベンチャーキャピタルとは異なる考え方で提唱したのがスローマネーである。

五　スローマネーと育成資本家

第二節で述べたように、現代の金融は巨大に、そして過剰なスピードになっている。このような速い資金は、経済規模が小さく環境への負荷が小さい時代において意味があった。しかし、産業革命とそれを支える工業のための金融のルールと目的は、地球環境の維持が重要な課題となっている現代に合わなくなってきているというのがタッシュの認識である（Tasch 2008: 101-102）。

産業革命以降の経済発展のなかで、モノやサービスの量が劇的に増加した一方で、地球環境の破壊をはじめとするさまざまな問題が生じるようになった。工業のための金融は、本質的に生態学的地域やコミュニティの長期的な健全さを育成する能力を制限する。そして、これらの制限は、食品の分野においてどこよりも明確に現れる。すなわち、資金を投資家が最も効率的に運用しようとすれば、化学物質を多く含んだ安価な食品、何百万エーカーの遺伝子組み換えトウモロコシ畑、数兆に上るフードマイルズ、土壌の肥沃さの低下という結果につながる。このような状況のなかで、生態学的地域やコミュニティから分離した経済学の不完全性、場所から切り離された市場の不完全性、そして健康とのつながりを失った富の不完全性に関する総体的な見方が生まれてきたという。タッシュは、いまが経済的・文化的な移行期だと考えており、その成功を測る主な指標の一つが、土壌の肥沃さに敬意を払い、保護し、育成しながら経済活動を行う事業体に資金をどれだけ供給できるかであると述べている。タッシュが経済の基礎だと考え、最も重視しているのは、土壌の肥沃さである（Tasch 2008: 5-7）。

工業が非生命を扱うのに対して、農業は生命を扱う。そこに両者の重大な差異がある。工業で安定を得るためには徹底して科学的に管理する必要がある。一方で、自然や農業において安定を実現する唯一の原理は、成長と腐敗の間のバランスをとることだとタッシュは指摘する。ただし、バランスは静的なものではなく、決して完全には達成されない。そして、自然とは異なり、農業の場合には正しい手段によって意識的に誕生、成長、成熟、死、腐敗のサイクルを繰り返させる必要がある。しかし、これまでの経済活動は、農業も含めて、サイクルをうまく実現させるよりも、短期の生産性向上を優先させてきた（Tasch 2017: 33-34）。

米国では有機食品市場やロハス市場の急激な成長とともに商業的な成功を収めた当初は小規模だった社会的企業がいくつもある（Ben & Jerry's, Aveda, Stonyfield など）。また Whole Foods Market（有機食品も扱っている食料品スーパーマーケットチェーン）も急拡大してきた。しかし、タッシュは次のような問いが十分に吟味されないままだと指摘する。企業が株式を公開したり買収されたりしたとき、その企業の当初のミッションは不可避的に損なわれてしまうのではないか。企業の規模が大きくなったとき、地域に何が生じるか。もし何万もの小規模で独立したミッション優先の事業体が地域における制御を優先した資金によって支援されたら、食料システム、特に経済は全体としてより安全でより健全になるだろうか（Tasch 2008: 99）。

これらの問いを深く考慮しないまま有機食品事業体に投資している投資家を、有機肥料を購入し外部から投入したり化学物質を利用しない害虫駆除を行ったりしている有機農家のような者で、堆肥化や土壌の健康さの神秘を知らない者だと、タッシュは批判する。その結果、有機食品が食品店の棚に並ぶようになる一方で、地域の土壌は肥沃さに欠け、生命も不十分で、将来世代を支えることが困難なままになっているというのが、タッシュの理解である（Tasch 2008: 100）。

このような理解に基づいて提唱されたのがスローマネーで、スローマネーを利用する人々をタッシュは育成資本家（nurture capitalist）と名付けた。詳しくはスローマネー原則（次頁、資料）をご覧いただきたいが、一言でいえば、スローマネーとは食物と土壌と資金との間の新しいつながりを目指すものである。一方、育成資本とは、地域の個々人から、土壌やコミュニティの健康を維持・回復しているビジネスへと向かう資金である。

スローマネーは、ベンチャー資本家のためのものではない。そして、社会的責任を有したベンチャー企業を支援しようというタイプの資本家のためのものでさえない。これまでには存在しなかった考え方を有する育成資本家のためのものである（Tasch 2008: 103）。タッシュは次のような人々を育成資本家だと考えていた。従来までの投資家（原典では開発者）の基準が効率、数、量

資料　スローマネー原則

食料安全保障、食の安全、そして食へのアクセスを改善するために、栄養価や健康を改善するために、文化的・生態学的・経済的多様性を促すために、そして採取や消費に基礎をおいた経済から保全や回復に基礎をおいた経済への移行を加速するために、私たちは以下の原則に賛同する。

Ⅰ．私たちはお金を現実に（もしくは、大地に）戻さなければならない（bring money back down to earth）。

Ⅱ．貨幣はあまりに速く、企業はあまりに巨大に、金融はあまりに複雑になった。したがって、私たちは貨幣を遅くしなければならない。もちろんそれがすべてではないが、十分重要なことである。

Ⅲ．20世紀は「安く買って高く売る」、「まず資産を成し、その後慈善活動をする」という時代だった。このことをあるベンチャー資本家は、「歴史上最大の財産の蓄積」と呼んだ。21世紀は育成資本の時代になるだろうし、環境容量の原則に基づくようになるだろうし、コモンズ、場所の意味、非暴力を気遣うようになるだろう。

Ⅳ．私たちは、食品、農場そして肥沃さが重要であるかのように投資することを学ばなければならない。私たちは、いきいきとした関係や小規模食品事業体に対する新たな資金源を創り出しながら、投資家を彼・彼女らが生活している場所とつなげる必要がある。

Ⅴ．さあ、殺すこと（Making a Killing）からいきいきさせること（もしくは、生計を立てること）（Making a Living）への道を示している新しい世代の起業家、消費者、投資家を祝おう。

Ⅵ．ポール・ニューマンは、「私たちは人生において、取り出したものを土壌に戻す農家のようなものでなければならないのではないかと、たまたま考えていた」と言った。この言葉に含まれる英知を認識しながら、そして、以下の点を問いながら、「下から」経済を立て直しはじめよう。

・資産の50％を、私たちが住む場所から50マイル（約80㎞）以内で投資するようにしたら世界はどうなるだろうか。

・利潤の50％を寄付する新しいタイプの会社があったらどうなるだろうか。

・今から50年後に私たちの土壌に有機物が50％多く存在するようになればどうなるだろうか。

スローマネー原則に署名するには、以下へ進もう。

www.slowmoneyalliance.org

であるのに対して、育成資本家（原典では育成家）の基準は、個性、質、ケア、優しさである。従来までの投資家の目的が利潤であるのに対して、育成資本家の目的は健康（農地、自身、家族、コミュニティ、国の健康）である（Tasch 2008: 103-104）。

小規模有機食品事業体を重視し、そのような事業体を地域で支えることを重視していたタッシュは、育成資本家になるべき主体を地域に居住する小規模投資家だと考えていた。社会的投資の投資家は、非常に多数の小規模投資家である。しかし前述したように、社会的投資家の多くがスクリーニングの形骸化に不満を持っているとタッシュは考える。その点、健全な地域の食料システムの価値を正しく評価する個々の投資家にとって、スローマネーは直接的・具体的な投資先を提供することができる。なお、タッシュは同じ箇所で、個人からの寄付を利用することがスローマネーの実践の一部として必要になるかもしれないと述べている（Tasch 2008: 112）。

タッシュは三つのヨーグルト企業を具体例としてあげながら、育成資本家が規模の問題を考慮しないことはありえないと述べている。以下で要点を紹介したい（Tasch 2017: 92-93）。

第一のヨーグルト企業は、一〇年間で一〇億ドル以上を売り上げ、世界最大のヨーグルト製造工場を建てることを目指している。この工場では、毎日一一〇〇万ポンドの牛乳を加工できるという。有機ではないものの、原料の牛乳には成長ホルモンを使用していないものを選んでいる。有機の牛乳を使わないのは、供給が不十分なためだという。この企業では、アニマルウェルフェアを取り入れている。ただし、牛乳の供給先の条件に「地域（local）」という単語が出てくるが、地域の酪農場にどのくらいの乳牛がいるのか（何十、何百、何千なのか）や乳牛が牧草地にどの程度アクセスできるのかについては情報がない。

第二は、非営利の農村の教育センターから米国を代表する有機ヨーグルト企業に成長した企業である。その企業は、有機という原則を守りながら三〇年間で数千万ドルから約四億ドルまで売上高を伸ばした。

第三は、四五〇エーカーの農場からできるだけ多くの有機ヨーグルトをつくっている家族経営の企業である。この企業は外部からの投入を農場にほとんどせず、四五頭のジャージー牛をどの農場よりも健康的に、有機的に、そして維持可能なやり方で取り扱っている。この企業は、農場から生み出せる牛乳の量に限りがあるため、数十年にわたって、年におよそ一〇〇万ドルという売り上げの限界に直面している。

利潤最大化を目指す投資家は第一のヨーグルト企業を、有機に関心をもっている社会的投資家は第二のヨーグルト企業を選ぶとタッシュは言う。それらに対し、第三のヨーグルト企業に資金を供給するのが育成資本家である。

投資の専門家にとって、売り上げが一〇〇万ドル程度のヨーグルト企業は、投資先の候補にすらあがらない。なぜならあまりに小規模で、経営が夫婦二人のみに依っているという点であまりに特異的で、しかも買収したとしても、この企業を転売できるほど事業を拡大する方法がないからである。一方、第三のヨーグルト企業のような事業体の商品が流通する範囲内で生活している少額を扱う多数の育成資本家は、消費者以上の存在であり、企業にとって寛大なパートナーであり、小規模さや独立性を保ったうえでの繁栄を支援できる（Tasch 2017: 93）。

ここから明らかなように、タッシュは、少数の投資家の資産を運用する主体（金融機関）を新たにつくるのではなく、少額投資家、農業従事者、消費者の能力を高めると同時にそれぞれにメリットを提供できる常設の仲介機関をつくることがスローマネーの実践では重要だと考えていた（Tasch 2008: 109）。次節では、スローマネーが実践においてどのような形をとっているのかを述べていく。

六　実践の形

スローマネーの取り組みは、スローマネーに関する集会を二〇〇八年一月にタッシュが開催したことに端を発している。二〇〇八年一〇月にスローマネーに関する最初の著書をタッシュが発刊した翌月、五五人の個人と二つの財団からの資金提供によって非営利団体であるスローマネー協会が設立されている。

タッシュは、金融の中心地であるウォールストリート取引所と対比する形で、メインストリート取引所が新しい経済には必要になると述べている。メインストリート取引所の主要な目的は利潤や経済成長ではなく、企業と投資家をつなぐことである。小さな独立した地域の一万の企業が、そのような企業に投資したい何百万かの小さな投資家と出会うことができたら、コミュニティはいきいきとして文化も豊かになるとタッシュは考えていた（Tasch 2008: 138）。

タッシュは著書でスローマネーの必要性を訴えていたものの、当初、自身では実践に移さなかった。タッシュの著書や講演に共感した少数のグループが、彼のアイデアを実践に移そうと独自に挑戦を続けていた。そのような状況のなか、二〇一〇年五月にノースカロライナ州で開催された講演を聴いて、タッシュの考え方に最も近い形でスローマネーの実践を始めたのが、スローマネー・ノースカロライナ（Slow Money North Carolina: SMNC）だった（Hewitt 2013: 11-13）。

ＳＭＮＣの特徴は、投資信託などの仲介機関を通さずに借り手と貸し手を直接結んだこと、そしてピアトゥピアの融資（スローマネー）を初めて実現させたことである（Hewitt 2013: 13）。その上で、同じ町（最低でも隣町）に住む借り手と貸し手を引き合わせることをＳＭＮＣは重視していた（Hewitt 2013: 28）。ＳＭＮＣの重要な役割の一つが、イベント開催などを通じてのネットワークの形成である。コミュニティのためになる事業を始めたい人と資金的な支援をしたいと思っている人のリストを作成し、マッチングする。また、融資の際には、借り手と貸し手の間に入って証書をつくることもある（Hewitt 2013: 106–109, 135）。

ＳＭＮＣが実現したスローマネーの実例を一つだけ紹介する。

大学生だったアビは、アレルギーをもっていたため、グルテンが含まれていないパンを食べるようになっていた。しかしグルテンフリーのパンでおいしいものはなく、ほかの人も困っていることに気づいた。そして、新鮮で質が高くおいしいグルテンフリーのパンを、地域の食材を使ってつくるパン屋を始めたいという相談をＳＭＮＣにしていた（Hewitt 2013: 33）。アビは次のように語っていたという。「パン屋を開いて経営することは、私にとっては大学院に行くことと同じなの」（Hewitt 2013: xiii）。

一方、ジュリーとアンは無料のニュースペーパーの地域欄に掲載されていたスローマネーに関する記事を読んで、ＳＭＮＣを利用して資金を提供したいと連絡をした。ＳＭＮＣは三人を引き合わせ、アビはジュリーとアンに自分の計画を話した。二人ともアビの能力、人格、計画に興味をもち、ミキサーや商業用オーブンに必要な資金を個人間融資（融資期間や貸付利子（二％がＳＭＮＣでは相場だった）は相談を通して決められる）した（Hewitt 2013: 35–36）。アンは後に次のように語ったという。

私は叔母からちょっとした遺産を受け取りました。でも変動が激しい株式市場で運用するのは気乗りがしなかったので、金利が一％以下の譲渡可能な債券を買っていました。そんなとき、自分の住むコミュニティですばらしい商品を提供しようとしている賢くて希望に燃えている若者に融資ができると知り、完璧だと思いました（Hewitt 2013: 36）。

ＳＭＮＣの場合のスローマネーは、互いに相手を知っている人同士の間でのピアトゥピアの融資である。貸し手は、資金が返済されない場合にどのような事態が生じるのかを考えておく必要がある。しかし、そのように知らせても、スローマネーの融資に関わりたい人がリストには多数並んでいるという。リスクに関して、資金提供者の一人は、「地域のビジネスを支援するという貢献は、個人での融資にともなう貸倒れリスクに勝ります」と述べている（Hewitt 2013: 121）。

ＳＭＮＣの実践によって、二〇一〇年以降で、二五〇人以上が三二〇件を超える低利子融資や株式投資に関わり、ノースカロライナに存在する一四〇の地域の有機の農家や食品事業体に、合計五〇〇万ドル以上の資金が提供された（Slow Money NC のウェブサイト）。

二〇一五年には、タッシュが積極的に関与した実践であるＳＯＩＬ（Slow Opportunities for Investing Locally）がコロラド州で開始された。仕組みは次の通りである。まずＳＯＩＬへの寄付（一〇〇ドル以上）を募る。寄付の資金を元に、地域の農家や小規模食品起業家に対して無利子融資をする。融資の可否は、寄付者の多数決によって決定される（寄付額にかかわらず、一人一票）。二年間で三三人と二つの投資クラブからの寄付があり、寄付総額は二〇万六〇〇〇ドルに上り（寄付額の範囲は一〇〇ドルから八万ドル）、無利子融資を可能にした（Tasch 2017: 120–123）。

スローマネーは取り組むグループによって異なる形態をとる。そのなかで寄付金を利用したSOILは、高コストかつ高リスクと一般に考えられている小規模有機食品関連事業に対しての無利子の資金提供を可能にする注目すべき実践の一つと言えるだろう。

七　新たな経済学の必要性

スローマネーには、地域を重視する視点が間違いなく含まれている。それを一言でいえば、環境、生物、文化、コミュニティといったものを含んだ場所と土壌の肥沃さに対するこだわりである。場所と土壌へのこだわりから導き出されているのが、地域の小規模有機食品事業体への資金提供になる。この意味で、スローマネーには、地域経済を活性化させること以上のものが含まれていることが理解されなければならない。

第三節で述べたように、タッシュは近代農業が急拡大した原因を、工業の原理でデザインされた一九世紀型の市場や金融もしくは経済学に求めている。それに対して、スローマネーは、より速く、より大きく、よりグローバルにという流れに対抗するための貨幣に関する新しい見方であり、匿名性が高い形で行われる金融取引の世界に対するオルタナティブでもあるとタッシュは考えている。中小の農家、それらの農家と提携する中小のビジネス、そしてそのコミュニティがより維持可能になる新しい資金戦略に向かう重要な一歩として、スローマネーは構想されている。それゆえ、（一）小規模であること、（二）透明性が確保されていること、そして（三）個人が主体になることが重視されている。先の二点についてはこれまでで関連することを述べてきたので、ここでは最後の点について深めていく。

複雑なグローバル経済がつくりあげられるなかで、数多くの小規模な個人的な活動が降伏させられてきたという意見にタッシュは賛同したうえで、信念や価値観、コミュニティや農地との関連を失った資金は、降伏の行動の一つであると述べている（Tasch 2008: 141）。そして、現在の問題を巨大技術によって解決することは不可能で、解決には何百万もの小さな取り組みと節度が必要であると指摘している（Tasch 2008: xii）。そのうえで、「私たちが直面している事態は経済的な病気ではなく、文化的な病気の経済的な兆候である。私たちの問題は経済的な問題ではなく、私たちがどのように考えてどのように生きるかという問題である。解決策は経済学者や投資銀行家の手にあるのではなく、市場に資金を投入する各人の心の中にある」と述べている（Tasch 2008: 134）。

この点と関連して、タッシュは興味深い話題を提供している。イタリア人が家計の一五％を食費に使っている一方で、米国人は七％以下であるというデータを出した後に、タッシュは、（食費に多額を割く）「イタリア人はおろかなのだろうか。近代農業や食品技術の効率性を性格的に利用できないのだろうか。それともイタリア人は米国人と異なる価値づけを食品にしているのだろうか。食品に多額を割くせいでその他の商品に資金を回せないために、イタリア人の文化は凋落しているのだろうか」と問うている。そして、予算の問題（資金をどこに割くか）は、最終的には個人の優先順位の問題であると答えている（Tasch 2017: 137）。タッシュがスローマネーの利用者として想定している育成資本家とは、有機農業と地域の健康な食品から生じる経済的・社会的・環境的利益を認識し、個人の取り組みから社会を変えていこうとする人々である。

スローマネーの射程としてもう一点指摘しておきたいのは、この考え方には、経済の金融化への批判とともに、主流の経済学に対する強い批判が含まれていることである。タッシュは、生物圏やコミュニティとつながりをもたない経済学、場所とつながりをもたない市場、健康とつながりをもたない富といったものの不完全さを認識する必要があると述べる一方で（Tasch 2008: 5）、回復の経済学（restorative economics）が今後は必要になると主張している。回復の経済学とは、質や人間関係を重視する経済学で、維持可能性、文化的・生物的多様性、場所の意味、コモンズのケア、非暴力といった原理が組み込まれた経済学である（Tasch 2008: 39）。また、回復の経済学は、搾取や消費や金銭的な富を抑え、保全、回復、健康をより重視するものだという（Tasch 2017: 141）。

以上、補論ではスローマネーを主に金融経済との関連から分析してきた。スローマネーはSM

NCをはじめとする多数の人々が共感し実践に移すほどの影響力をもっている。スローマネーが支持されたのは、タッシュの議論が包括的で本質的であったからであろう。資金の地産地消という観点からだけでなく、今後の経済もしくは経済学のあり方を指し示す考え方としてもスローマネーを評価していく必要がある。

注

（1） タッシュの思想にはさまざまな視点が含まれているので、スローマネーの実践者によって重視する視点が異なっている。その結果、実践のあり方も多様である。たとえば、ライベルによると、資金提供の方法にも、本文で取り上げているピアトゥピアの融資のほかに、オンラインの融資プラットフォームや投資家のネットワークを利用するものがある（Leibel 2017: 20-30）。また、受託者資本主義（fiduciary capitalism）という観点からスローマネーを捉えようとする論文が発表されている（Jayashankar et al. 2015）。多様な解釈がとられつつある現段階において、タッシュの思想の本質部分を明らかにしておくことには意義がある。

（2） 詳しくは、ルイス（二〇一四）を参照されたい。

参考文献

Cortese, A. (2011) *Locavesting*, John Wiley & Sons.

Hewitt, C. P. (2013) *Financing Our Foodshed*, new society publishers.

Jayashankar, P. et al.（2015）Slow money in an age of fiduciary capitalism, *Ecological Economics*, Vol.116, pp.322-329.

Leibel, E.（2017）Local Institutions and Heterogeneity in Emerging Fields, 08/2017, pp.1-40.

Shuman, M.（2012）*Local Dollars, Local Sense*, Chelsea Green Publishing.

Slow Money Institute（2016）*Slow Money Journal*, Spring 2016.

Slow Money Institute（2017）*Slow Money Journal*, Winter 2016/2017.

Slow Money Institute（2018）*Slow Money Journal*, Winter 2017/2018.

Slow Money Institute のウェブサイト（https://slowmoney.org/local-groups）.

Slow Money NC のウェブサイト（https://slowmoneync.org/）.

Tasch, W.（2008）*Inquiries into the nature of slow money*, Chelsea Green Publishing.

Tasch, W.（2017）*Soil*, Chelsea Green Publishing.

松尾順介（二〇一六）「ロカベスティングとスローマネー」『証研レポート』一六九九号、一～一七頁。

ルイス、マルケル（二〇一四）渡会圭子・東江一紀訳『フラッシュボーイズ』文藝春秋（*Flash Boys*, 2014）。

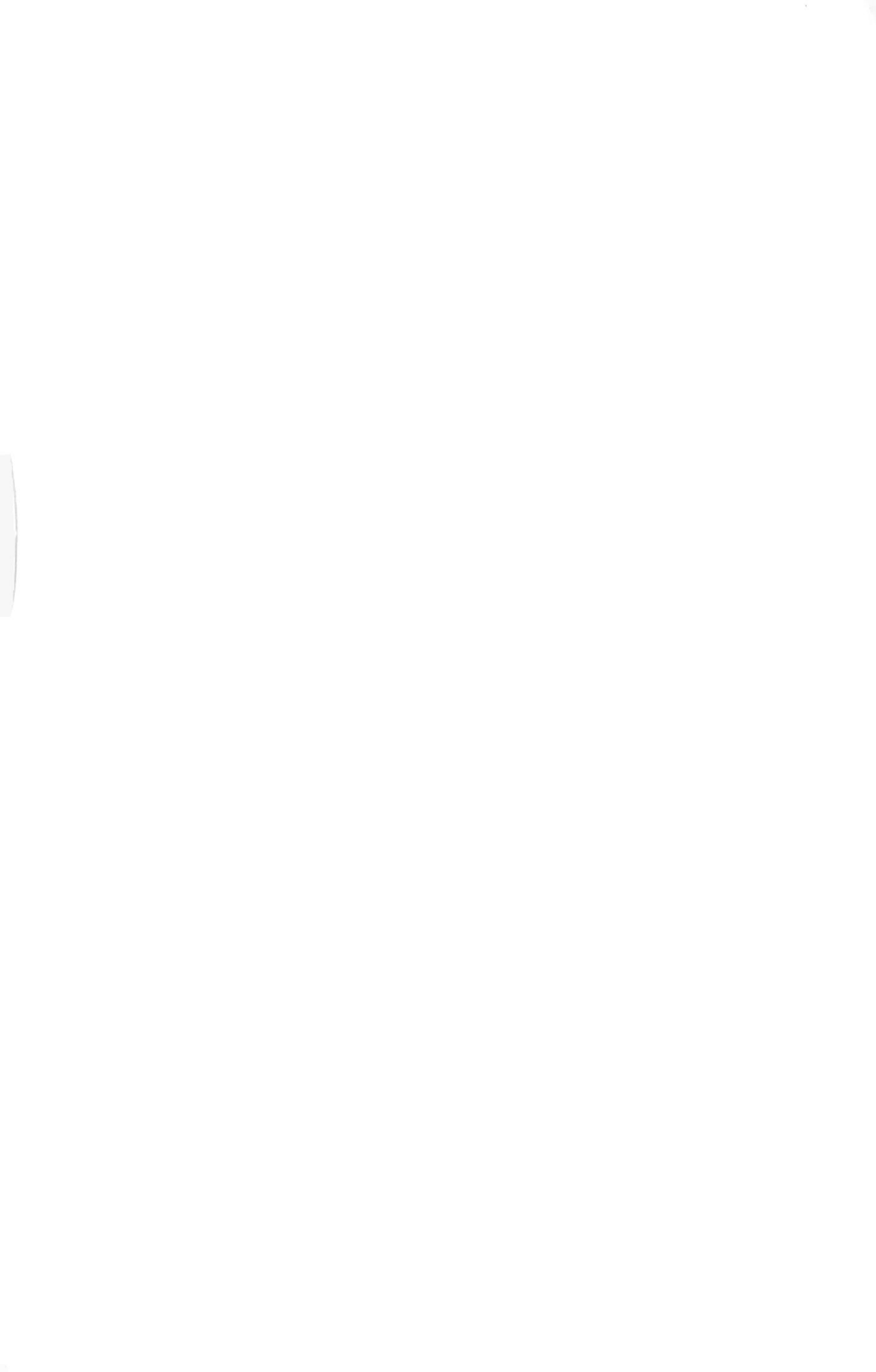

あとがき

筆者は学部時代から経済学を専攻しその後も長らく学んできたが、経済成長が絶対の目的とされることについて不思議に思うことが多かった。この気持ちは大学院で環境経済学を専攻して以降、さらに強まった。地球温暖化をはじめとする環境制約の観点から経済規模を拡大させつづけることが非現実的だと思われるにもかかわらず、多くの人々が経済成長を追求しつづけるのは何故なのか。経済規模を縮小させながら豊かさを実現する方法を考えないのは何故なのか。経済成長の不可侵性について考えれば考えるほど、経済には成長が欠かせないという社会通念が確立しているなかでは、この前提自体を疑うことが難しいのではないかと思い至るようになった。日常の生活を送る中で、自らの当り前を疑う機会はほとんどないと言ってよい。しかし、本書全体を通して言えることは、社会を変えていくには「お金って何?」「働くってどんなこと?」「タネは誰のもの?」などの当り前を疑う本質的な問いが必要だということだ。

これらと関連して、筆者は同僚と共に、明治学院大学で二〇二〇年四月から「はやらないカフェ」という哲学対話の場を設けてきた。「自分らしさとは?」「人間らしさとは?」「牛と犬の扱いが違うのはなぜ?」「他人を幸せにするってどういうこと?」「花が美しいのはなぜ?」「お金のために働く必要がなくなったら、何をしますか？」「幸せより大切なものは？」など、印象深い問いについて対話を重ねている。また、対話の重要性を思い知り、数年前から授業でも対話を採り入れるようにしている。フライカウフという本書のテーマとの関連でいえば、市場の影響が弱められている大学という空間でしかできないことを大切にしていきたいし、今後も学生やこどもと本質的な問いの対話を続けていきたい。

筆者の処女作は、本書と同じ日本経済評論社から出版した『軍事環境問題の政治経済学』であった。軍事のことは常に念頭にあるのだが、経済学者である暉峻淑子が『対話する社会へ』（二〇一七年、岩波書店）において対話について述べた一文が気にかかっている。「対話こそは暴力・戦争に対する真の意味での反対語なのです」（一八三頁）という言葉を、自分なりに深めていきたい。

本書の出版にあたっては、日本経済評論社の中村裕太さんにお世話になった。出版をお引き受けいただいただけでなく、本書の内容を読み手にわかりやすく届けるためにはどうしたらよいかについて適切なアドバイスを数多くいただいた。またオイコノミア科研（ＪＳＰＳ科研費（１８Ｈ００６１９）「世界システムとオイコノミア」）のメンバーのご協力なくして、本書の完成はありえなかった。中山智香子先生（東京外国語大学）、松村圭一郎先生（岡山大学）、藤原辰史先生（京都大学）、桑田学先生（放送大学）に感謝申し上げたい。本書の土台となった以下の論文は、オイコノミア科研の採用期間に記したものがほとんどである。

・「農業における社会性に関する一考察――社会的金融機関ＧＬＳグループにおける有機農業支援を事例に」『国際学研究』第五五号、二一～三〇頁、二〇一九年一〇月。
・「金融経済の観点から捉えたスローマネー」『龍谷政策学論集』第九巻第一号、三三～四二頁、二〇二〇年一月。
・Rethinking the significance of regional currencies: The case of the Chiemgauer, *International Journal of Community Currency Research*（IJCCR）, Vol.25（Issue 1）, 2021, pp.96–106.
・「有機種苗の育種・普及と資金調達――ドイツにおける取り組みを参考に」『有機農業研究』第一四巻第二号、二〇二二年一二月、三七～四三頁。
・「脱成長時代の「投資」」『現代思想』第五一巻第二号、二〇二三年一月、一二四～一三七頁。

なお、本書は、明治学院大学の学術振興基金補助金から出版助成をいただいている。

フライカウフと並ぶ本書のもう一つのテーマである公益事業としての農業を筆者が強く意識するようになったのは、二〇一六年の採用面接において、面接官から有機農業で生計を立てるのは現実的ではないのではないかと問われてからである。そのときにはGLSグループが有機農業を支援し成功を収めているのは知っていたものの、詳細について答えることができなかった。このときの反省を活かしながら執筆したのが本書で、面接での問いに対する私なりの解答にたどり着けたと考えている。本書をきっかけにして、みんなのための農業（公益事業としての農業）をはじめようとする人が日本でも現れてくれること、また、みんなのための農業を支えようとする人が増えてくれることを願っている。

二〇二三年一二月

林　公則

著者紹介

林　公則（はやし　きみのり）
明治学院大学国際学部准教授。1979年生まれ。一橋大学大学院博士課程（経済学研究科応用経済専攻）修了。特定非営利活動法人化学兵器被害者支援日中未来平和基金理事。専門は環境経済学と環境政策論。
主要著作に、『軍事環境問題の政治経済学』（日本経済評論社、2011年、経済理論学会奨励賞、環境経済・政策学会奨励賞、平和研究奨励賞）、『新・贈与論』（コモンズ、2017年）など。

農業を市場から取りもどす
——農地・農産品・種苗・貨幣

2024年1月15日　第1刷発行

著　者　林　公則
発行者　柿﨑　均
発行所　株式会社日本経済評論社
〒101-0062 東京都千代田区神田駿河台 1-7-7
電話 03-5577-7286／FAX 03-5577-2803
E-mail: info8188@nikkeihyo.co.jp
装幀・オオガユカ（ラナングラフィカ）　藤原印刷／誠製本

落丁本・乱丁本はお取替いたします　Printed in Japan
価格はカバーに表示してあります

ISBN 978-4-8188-2645-8 C3061